KB251952

타이슨이 연주하는

우주 교향곡 1

Death by Black Hole
Copyright © 2007 Neil deGrasse Tyson
Korean Translation Copyright © 2008 by Seung San Publishers
Korean edition is published by arrangement with W. W. Norton & Company
through Duran Kim Agency, Seoul.

이 책의 한국어판 저작권은 듀란킴 에이전시를 통한 W. W. Norton & Company와의
독점계약으로 도서출판 승산에 있습니다.
저작권법에 의하여 한국 내에서 보호를 받는 저작물이므로 무단 전재와 복제를 금합니다.

(타이슨이 연주하는) 우주 교향곡 1 / 닐 디그래스 타이슨 지음 ;
박병철 옮김. ─ 서울 : 승산, 2008
    p. ;   cm

원서명: Death by black hole
원저자명: Tyson, Neil deGrasse
참고문헌과 색인수록
ISBN 978-89-6139-010-1 03440 : ₩10000
ISBN 978-89-6139-009-5(세트)

443.8875-KDC4
523.8875-DDC21   CIP2008000167

타이손이 연주하는
우주 교향곡 1

닐 디그래스 타이슨 지음 | 박병철 옮김

DEATH
BY BLACK
HOLE

승산

일러두기

이 책에 나오는 외국 인명이나 지명은 '국립국어연구원 외래어표기법'을 따라 표기하되, 이미 굳어진 인명 등 몇 가지 경우에 한해서는 관용에 따랐다. 이는 타 한글 자료 및 정보들을 상호 참조할 경우에 독자들의 편의와 이해를 돕기 위함이다.

내가 우주에 대하여 경외감을 갖는 이유는
그것이 우리의 생각만큼 기묘하기 때문이 아니라,
우리의 상상을 훨씬 뛰어넘을 정도로 기묘하기 때문이다.

— 홀데인J. B. S. Haldane 의
『가능한 세계 Possible worlds』에서

자연의 운영방식 ——————— 3부

자연은 호기심 많은 인간 앞에서 자신의 모습을 어떤 식으로 보여 주고 있는가?

이 우주는 사물이나 현상의 단순한 집합체가 아니라, 복잡하게 얽히고설킨 각본에 따라 수많은 배우가 연극을 공연하고 있는 방대한 무대인 것 같다. 그래서 우주에 관한 책을 집필할 때에는 독자들을 무대 뒤편으로 안내하여 세트의 디자인과 각본 등을 미리 보여 주면서 앞으로 진행될 이야기를 스스로 알 수 있게끔 안내하는 기분으로 쓰는 것이 바람직하다. 나는 우주의 운영원리를 일반 독자들에게 소개하기 위해 이 책을 쓰기 시작했다. 물론 이것은 단순한 사실을 전달하는 것보다 훨씬 어려운 작업이다. 이 과정에서 '시간'도 한 배역으로 출연하여 우주의 연출에 따라 다양한 표정을 우리에게 보여 줄 것이다. 나는 이 책이 우주를 더욱 깊이 이해하고자 하는 독자들에게 바람직한 입문서가 되기를 기대한다.

각 장chapter의 순서는 내가 1995년부터 2005년까지 『자연의 역사 Natural History』라는 잡지에 「우주Universe」라는 제목으로 기고했던 원고의 순서와 거의 비슷하며, 그 외에 내가 간간이 썼던 글도 최신과학의 동향을 고려한 약간의 편집을 거쳐 함께 수록되었다.

지루한 일상에서 탈출하여 광활한 우주로 뛰어들고 싶은 독자들에게 이 책이 조금이나마 도움이 될 수 있기를 바란다.

2006년 10월 뉴욕시에서

닐 디그래스 타이슨 Neil deGrasse Tyson

　나의 공식적인 전문분야는 별의 특성과 진화 그리고 은하의 구조이다. 그래서 이 책에 수록된 내용의 상당부분은 내 동료의 예리한 검증을 거쳐야 했다. 나는 매달 한 번씩 원고를 집필할 때마다 동료에게서 다양한 조언을 들었는데, 특히 우주탐사와 관련된 부분은 그들 덕분에 많은 부분이 개선되었다. 그리고 태양계에 관한 내용은 대학원시절 나의 룸메이트이자 현 MIT의 행성과학 교수인 릭 빈젤Rick Binzel의 조언 덕분에 완성도를 크게 높일 수 있었다. 나는 태양계와 관련된 글을 쓸 때마다 그에게 전화를 걸었고 그는 바쁜 와중에도 나의 자문에 친절히 응해 주었다. 이 자리를 빌려 그에게 깊은 감사를 전하는 바이다.

　우주-화학과 은하 그리고 우주론에 정통한 프린스턴대학교의 천체물리학 교수 브루스 드레인Bruce Draine, 마이클 스트라우스Michael Strauss, 데이비드 스퍼겔David Spergel의 아낌없는 도움 덕분에 나의 지식을 넘어선 내용까지 다룰 수 있었다. 또한 나의 연구동료이자 영국에서 정통교육을 받은 프린스턴대학교 교수 로버트 럽튼Robert Lupton은 모르는 것이 없는 만물박사로서 이 책에 수록된 거의 모든 내용에 값진 조언을 해 주었다. 그리고 또 한 사람의 만물박사인 스티븐 소터 Steven Soter 의 도움도 빼놓을 수 없다. 나의 원고를 그에게 보여 주지 않았다면 대중 앞에 자신 있게 내놓지 못했을 것이다.

나는 1995년 라디오 공영방송에서 인터뷰를 한 적이 있는데 『자연의 역사 Natural History』지의 편집자인 엘런 골든숀 Ellen Goldensohn 이 그 방송을 듣고 내게 처음으로 집필을 부탁했고, 나는 그 자리에서 흔쾌히 수락했다. 그 후로 매달 한 번씩 원고를 쓰면서 몸은 완전히 녹초가 되었지만 그 덕분에 삶의 활력을 유지할 수 있었던 것 같다. 현재 이 책의 편집을 맡고 있는 아비스 랑 Avis Lang 은 엘런이 하던 일을 이어받아 내가 하고 싶은 말이 글 속에 그대로 반영되도록 노력하고 있다. 엘런과 아비스를 만나지 못했다면 나는 결코 지금과 같은 작가가 되지 못했을 것이다. 그 외에 필립 브랜포드 Phillip Branford, 바비 포겔 Bobby Fogel, 에드 젠킨스 Ed Jenkins, 안 래 조나스 Ann Rae Jonas, 베스티 러너 Besty Lerner, 모데카이 마크 맥로우 Mordecai Mark Mac-Law, 스티브 네피어 Steve Napear, 마이클 리치몬드 Michael Richmond, 브루스 스투츠 Bruce Stutz, 프랭크 섬머스 Frank Summers, 라이언 와이엇 Ryan Wyatt 등도 원고를 수정하거나 내용을 보충하는 데 많은 도움을 주었다. 특히 『자연의 역사』지의 편집장 피터 브라운 Peter Brown 은 이미 발표된 나의 원고를 재사용하는 데 따르는 여러 가지 문제를 해결해 주었다.

책을 탈고하고 주변사람들에게 감사의 마음을 전하는 이 페이지에 스티븐 제이 굴드 Stephen Jay Gould 라는 이름을 빼놓을 수 없다. 『자연의 역사』지에 「This View of Life」라는 제목으로 무려 300여 회에 걸쳐 칼럼을 게재했던 굴드는 잡지를 통해 1995년부터 2001년까지 근 7년 동안 나와 왕래하면서 수많은 대화를 나눴다. 그는 현대 수필의 새로운 형식을 창안한 사람으로, 나의 글이 그의 영향을 받은 것은 너무도 당연한 일이다. 특히 과학의 깊은 역사를 파헤칠 때는 굴드의 방식대로 수백 년 된 고서(古書)를 뒤지면서, 당시 과학자들의 자연관을 머릿속에 그려보곤 했다. 그가 불과 60세의 나이로 세상을 떠나는 바람에(칼 세이건도 62세에 사망했다), 과학 커뮤니케이션은 커다란 손실을 감수해야 했다. 이제 완성된 원고를 눈앞에 놓고 삼가 고인의 명복을 비는 바이다.

과학의 태동

지난 세월동안 우리는 주변세계를 성공적으로 설명해 주는 물리학 법칙들을 단계적으로 확보해 오면서 인간의 지적 능력을 과신하는 태도도 함께 키워 왔다. 특히 사물이나 자연현상에 대한 지식이 거의 완벽하다고 느낄 때 인간의 자만심은 하늘을 찌를 듯이 기고만장했다. 노벨상 수상자들을 비롯하여 세계적으로 명성을 떨친 학자들도 여기서 예외는 아니다.

1907년에 노벨 물리학상을 수상했던 앨버트 마이컬슨Albert A. Michelson은 1894년에 시카고대학교의 라이어슨 물리학 연구소Ryerson physics Lab에서 다음과 같은 연설을 한 적이 있다.

물리적 세계를 지배하는 중요한 법칙들은 이제 거의 확립되었다. 이들은 이미 철저한 검증을 거쳤으므로 훗날 새로운 법칙이 등장하여 이들을 대신할 가능성은 거의 없다고 본다……. 앞으로 과학이 할 일은 현재 알려진 물리량들의 소수점 이하 자릿수를 늘려 가는 것뿐이다. (배로우Barrow 1988, 173쪽)

당대 최고의 천문학자이자 미국 천문학회의 공동창립자였던 사이먼 뉴컴Simon Newcomb도 현대과학에 대하여 마이컬슨과 비슷한 자세를 견지하고 있었다. 그는 1888년에 발표한 저서 『Sidereal Messenger』에 다음과 같이 적어 놓았다. "천문학에 관한 한, 지금 우리는 지식의 한계점에 거의 도달했다.(1888, 65쪽)" 역시 위대한 물리학자이자 절대온도의 단위 'K'의 주인공인 캘빈 경Lord Kelvin은 1901년에 "지금 물리학에서 새로운 것이 발견될 가능성은 거의 없다. 이제 남은 것은 측정값을 더욱 정확하게 개선하는 것뿐이다.(1901, 1쪽)"라고 선언함으로써, 후대 물리학자들에 의해 '섣부른 자만심'의 표상으로 줄곧 인용되는 수모를 당했다. 사실 과학자들이 한창 자신감에 넘치던 시절에도 빛을 매개한다는 에테르ether는 여전히 가설상의 존재로 남아 있었고, 수성의 근일점이 조금씩 이동하는 현상도 설명하지 못했다. 그러나 자신감에 넘치던 당시의 과학자들은 이런 것들을 '기존의 법칙을 조금만 수정하면 해결되는 사소한 문제'로 치부해 버렸다.

다행히 양자역학의 창시자인 막스 플랑크Max Planck는 좀 더 뛰어난 예지력을 갖고 있었다. 그는 1924년에 열린 한 강연석상에서 다음과 같은 말을 남겼다.

나는 물리학 공부를 처음 시작하면서 훌륭한 스승 필립 폰 욜리Philipp von Jolly에게 수시로 조언을 구했다……. 그는 물리학이 거의 완성된 학문임을 강조하면서 "지엽적인 분야로 가면 아직 해결되지 않은 문제가 발견되긴 하겠지만, 전체적인 체계는 거의 완전하게 확립되었다"고 말했다. 특히 이론물리학은 지난 수세기 동안 확고한 입지를 지켜 온 기하학처럼 완벽한 체계임을 강조했다.(1996, 10쪽)

젊은 플랑크는 스승의 자연관을 의심 없이 받아들였다. 그러나 그는 물질의 에너지복사 과정을 당시의 물리학 이론으로는 설명할 수 없음을 깨닫고 1900년에 양자가설을 발표함으로써 물리학의 새로운 장을 열었다. 그 후로 30여 년 동안 물리학자들은 특수/일반 상대성이론과 양자역학 그리고 팽창우주론 등 새로운 발견으로 눈코 뜰 새 없이 바쁜 나날을 보냈다.

천재적인 물리학자이자 타고난 이야기꾼으로 유명했던 리처드 파인만Richard Feynman은 1965년에 발표한 저서 『물리법칙의 특성The Character of Physical Law』에 다음과 같이 적어 놓았다.

우리가 아직도 '발견의 시대'에 살고 있다는 것은 커다란 행운이 아닐 수 없다⋯⋯. 지금 우리는 자연의 근본적인 법칙들이 한창 발견되고 있는 시대를 살고 있으며 이런 시대는 두 번 다시 오지 않을 것이다. 무언가를 발견하는 것은 항상 흥분되고 경이로운 경험이다. 이런 추세는 앞으로 당분간 계속될 것이다.(파인만Feynman 1994, 166쪽)

나는 과학의 끝이 어디이며 언제 찾아올지 그리고 그 끝은 과연 어떤 모습일지 짐작조차 할 수 없다. 심지어는 그 끝이라는 것이 과연 존재하는지도 의문이다. 그러나 인간이라는 종이 우리가 가끔 인정하는 것보다 훨씬 더 어리석다는 사실만은 분명하게 알고 있다. 우주의 비밀을 아직 완전하게 풀지 못한 이유는 과학의 한계 때문이 아니라 인간의 지적능력에 한계가 있기 때문이다. 인간의 우주탐구는 이제 막 시작되었을 뿐이다.

확실치는 않지만, 일단은 인간이 지구에서 가장 똑똑한 생명체라고 가정해 보자. 만일 추상적인 수학을 다루는 능력을 똑똑함의 척도로 삼는다면, 인간은 지구 상에서 가장 똑똑할 뿐만 아니라 '유일하게' 똑똑한 존재가 된다.

그렇다면 지구 역사상 최초로 그리고 유일하게 똑똑한 존재로 태어난 인간은 과연 우주의 운영법칙을 완전하게 알아낼 수 있을까?

진화론적 관점에서 볼 때 침팬지와 인간은 거의 종이 한 장 차이지만, 침팬지를 교육시켜서 삼각함수 문제를 풀게 만들 수는 없다. 그런데 인간을 침팬지 보듯 바라보는 더욱 뛰어난 종족이 지구 어딘가에 살고 있다면 그들은 과연 우주의 베일을 완전히 벗길 수 있을 것인가?

틱-택-토 게임tic-tac-toe(아홉 개의 정사각형 안에 O나 X를 그려 넣어 같은 모양 3개로 일직선을 먼저 만드는 쪽이 이기는 게임 : 옮긴이)을 좋아하는 사람들은 항상 이기거나 비길 수 있다는 사실을 인지하고 있을 것이다. O나 X를 처음 그려 넣을 위치만 알고 있으면 된다. 그러나 어린아이들에게 이 게임을 시켜 보면 앞으로 닥칠 상황을 전혀 모르는 채 빈칸을 채우는 데 급급한 모습을 보인다. 체스도 규칙은 매우 단순하지만 게임이 진행될수록 상대방이 말을 움직일 수 있는 경우의 수는 기하급수적으로 증가한다. 그래서 고등교육을 받은 사람조차 체스게임의 끝을 머릿속에 그리지 못한 채, 눈앞에 닥친 위기상황을 모면하는 데에만 급급한 모습을 보이곤 한다.

인류 역사상 가장 똑똑했던 아이작 뉴턴Isaac Newton을 떠올려 보자(이렇게 생각하는 사람은 나뿐만이 아니다. 트리니티대학에 있는 뉴턴 흉상의 밑부분에 "Qui genus humanum ingenio superavit"라는 라틴어가 새겨져 있는데,

이 말은 "모든 인류 중 그보다 똑똑한 사람은 존재하지 않았다"는 뜻이다). 그런데 정작 뉴턴 본인은 자신의 지적능력을 다음과 같이 평가하였다.

내가 이 세상에 어떤 모습으로 비치고 있는지 자세히는 알 수 없지만, 아마도 바닷가에서 둥그런 자갈이나 예쁜 조개를 줍고 다니는 어린 소년쯤으로 보일 것 같다. 그러나 소년이 꿈에도 생각지 못한 진리는 광활한 바다 속에 조용히 숨어 있다.(브루스터 Brewster 1860, 331쪽)

우주를 지배하는 법칙은 지금까지 일부만 알려졌을 뿐, 아직도 상당 부분 미스터리로 남아 있다. 인간은 우주에서 벌어지는 체스게임의 규칙도 모르는 채 말의 움직임을 신기한 눈으로 바라보는 구경꾼인 셈이다. 지금까지 자연을 관찰하면서 나름대로 '체스규칙 설명서'를 만들어 놓긴 했지만 이것만으로는 도저히 게임에 참여할 수 없다.

이미 알려진 법칙에서 습득된 사물이나 현상에 대한 지식과 물리법칙 자체에 대한 지식의 차이점은 과학의 끝을 짐작하는 데 매우 중요한 요소이다. 앞으로 누군가가 목성의 위성인 유로파 Europa 의 얼음층이나 화성의 표면에서 생명체를 발견한다면 인류 역사상 가장 위대하고 획기적인 발견으로 기록될 것이다. 그러나 그곳에 있는 원자들은 지구의 원자들과 동일한 물리/화학법칙을 따른다. 따라서 외계 생명체를 추적하고 분석하는 작업은 기존의 법칙만으로 얼마든지 수행될 수 있다.

그러나 현대천문학이 아직 알아내지 못한 미지의 영역에서 새로운 현상이 발견된다면 그것을 설명하기 위해 완전히 새로운 물리학분야가 탄생할 수도 있다.

우리는 우주의 기원으로 알려진 빅뱅big bang을 매우 신뢰할 만한 이론으로 여기고 있지만, 우리로부터 137억 광년 거리에 있는 우주 지평선 너머에 과연 어떤 것들이 존재할지는 누구도 알 수 없다. 그리고 빅뱅이 일어나기 전의 우주와 빅뱅이 일어난 이유에 대해서는 그저 어설픈 짐작만 할 수 있을 뿐이다. 양자역학에 따르면 우주가 팽창하는 것은 초창기의 시공간 거품이 단 한 차례 요동친 결과라고 한다. 만일 그 당시에 조금이라도 다르게 요동쳤다면 지금과는 전혀 다른 우주로 진화했을 것이다.

빅뱅이 일어난 직후에 수천 억 개의 은하가 생성된 과정을 컴퓨터로 재현해 보면 현재 망원경으로 관측된 결과와 잘 일치하지 않는다. 거시적 규모에서 우주를 지배하는 법칙은 여전히 우리의 시야를 벗어난 곳에 감춰져 있다는 뜻이다. 우주론 퍼즐의 중요한 조각들이 아직도 제자리를 찾지 못한 것이다.

뉴턴의 운동법칙과 중력법칙은 수백 년 동안 최상의 이론으로 물리학의 권좌를 지켜 오다가 아인슈타인의 상대성이론에게 그 자리를 내주었다. 이제 중력현상을 설명하는 최상의 이론은 아인슈타인의 일반상대성이론이다. 그리고 원자규모의 미시세계에서 일어나는 현상은 양자역학을 통해 가장 정확하게 서술되고 있다. 그러나 아인슈타인의 중력이론과 양자역학을 동일한 대상에 적용하면 커다란 모순이 야기된다. 일반상대성이론이나 양자역학에 무언가 중요한 부분이 빠져 있는 것이다.

물론 다른 가능성도 있다. 일반상대성이론과 양자역학을 모두 포함하는 더욱 방대한 이론이 존재한다면, 여기에 희망을 걸어 볼 수도 있다. 이런 목적으로 탄생한 이론이 바로 끈이론string theory이다. 끈이론은 물질과 에너지 그리고 근본적인 단계에서 일어나는 모든 상호작용을 진동하는 고차원 끈의 에너지로 설명하고 있다. 이러한 끈들이 다양한 모드로 진동하면서 우리가 살고 있는 4차원 시공간에 다양한 입자로 나타난다는 것이다. 끈이론은 물리학에 등장한 지 20년이 넘었음에도 아직 실험을 통한 검증이 불가능한 상태이다. 그래서 일부 물리학자들은 끈이론에 대하여 회의적인 생각을 품고 있다. 그러나 뚜렷한 대안이 나타나지 않는 한 끈이론은 우리를 물리학의 끝으로 안내해 줄 유일한 후보로 남을 것이다.

무생물에서 생명체가 탄생한 과정도 아직 미지로 남아 있다. 생명체의 탄생에 관여한 힘은 무엇이며 이 과정이 순조롭게 진행되려면 어떤 환경이 조성되어야 하는가? 지구의 생명체와 비교할 만한 외계 생명체가 없어서 해답을 구하지 못하는 것은 아닐까?

1920년대에 이루어진 허블의 선구적 연구 덕분에 지금 우리는 우주가 팽창하고 있다는 사실을 잘 알고 있다. 그러나 반중력을 행사하면서 우주의 팽창을 가속시키는 '암흑에너지dark energy'에 대해서는 알려진 바가 거의 없다.

그동안 얻은 관측결과와 실험자료, 이론 등을 아무리 신뢰한다 해도 결국 우주에 작용하고 있는 중력의 85%는 우리가 전혀 알지 못하는 곳에 근원한다. 사용할 수 있는 모든 관측장비를 총동원해도 이 방대한 근원은 여전히 우리의 시야를 벗어나 있다. 한 가지 분명한 것은 이 근원이 전자나 양성자, 중성자 또는 이들과 상호작용하는 물질이나 에너지로 이루어져 있지 않다는 것이다. 흔히 '암흑물질 dark matter'이라 불리는 이 신비의 물질은 현대천문학이 해결해야 할 최대의 난제임이 분명하다.

양자역학과 일반상대성이론의 충돌이 무마되고 암흑물질의 정체가 밝혀진다면 과학은 과연 궁극적인 목적지에 도달할 수 있을까? 그때가 되면 샴페인을 터뜨리면서 '우주정복 기념일'을 자축하게 될 것인가? 내가 보기에 이것은 침팬지가 피타고라스의 정리를 이해하고 기뻐 날뛰는 모습과 크게 다르지 않을 것 같다.

인간을 침팬지에 비유한 것은 지나친 비약일지도 모른다. 아마도 과학의 미래를 결정하는 것은 인간이라는 종의 개인적 능력이 아니라 종 전체가 발휘할 수 있는 집단적 능력일 것이다. 오늘날 인류는 각종 회의와 서적, 대중매체, 인터넷 등을 통해 새로운 발견을 공유하고 있다. 다윈의 진화론은 자연선택에 근거를 두고 있지만 인간의 문화는 부모의 획득형질이 후대에 유전된다는 라마르크의 설을 따르는 것이 분명하다. 이런 식으로 지식이 전수된다면 우주에 대한 지식도 세월이 흐름에 따라 무한히 축적될 것이다.

하나의 발견이 이루어질 때마다 지식의 사다리는 한 칸씩 높아지고 있지만 그 끝은 우리의 시야에서 벗어나 있다. 이 사다리가 완성되려면 앞으로 얼마나 많은 칸이 추가되어야 할지 지금으로서는 알 길이 없다. 우주의 비밀을 벗기는 작업은 어느 하나의 발견으로 끝나지 않고 단계적으로 영원히 계속될 것이다.

1부

지식의 특성

우주의 '습득 가능한 지식'을 취하기 위한 인간의 도전

우주의 신비를
상식으로 이해하다

인간은 오감을 도구 삼아 자신을 에워싸고 있는 우주를 탐사하면서,

그 행위를 '모험의 과학'이라 불러 왔다.

— 에드윈 허블 Edwin P. Hubble(1889~1953), 『과학의 특성 The Nature of Science』

인간의 오감 중에서 가장 중요한 것을 하나 고르라고 한다면, 아마도 대부분의 사람은 시각을 꼽을 것이다. 우리의 눈은 집안 거실 건너편의 정보뿐 아니라 우주 저편의 정보까지 수용하는 능력을 갖고 있다. 만일 인간에게 시각적 능력이 없었다면 천문학은 탄생하지도 않았을 것이며 우주 안에서 우리의 위치를 규명하지도 못했을 것이다. 만일 박쥐들이 그들만의 은밀한 비밀을 각 세대에 걸쳐 전수해 왔다고 해도 그것은 밤하늘의 모습과 아무런 상관이 없을 것이다. 초음파로 사물을 인지하는 박쥐에게 멀리 떨어져 있는 우주는 아무런 의미가 없기 때문이다.

인간의 오감은 매우 효율적인 실험도구로서, 놀라울 정도로 예민하고 정확한 기능을 발휘하고 있다. 우리의 귀는 우주왕복선이 출발할 때 발생하는 굉음부터 수십 cm 밖의 모기가 날아가는 소리까지 들을 수 있으며 우리의 촉각은 발등에 떨어진 볼링공의 무게부터 팔뚝 위를 기어가는 수천 분의 1g짜리 벌레의 움직임까지 느낄 수 있다. 또한 일부 사람들은 음식물에 가미된 미량의 후추를 귀신같이 감지해 내는 미각을 갖고 있다. 이와 더불어 우리의 눈은 햇빛이 내리쬐는 광활한 사막에서부터 어둠 속 수백 m 거리에서 켜지는 성냥불까지 감지할 수 있다.

그러나 인간의 오감이 항상 정확한 것은 아니다. 우리는 바깥세계로부터 들어오는 자극을 선형함수가 아닌 로그함수로 받아들이는 경향이 있다. 예를 들어 소리의 에너지(볼륨)를 10배로 키웠을 때 우리의 귀는 그것을 '10배 강한 소리'로 받아들이지 않고 '조금 더 큰 소리' 정도로 인식한다. 다시 말해 우리의 귀는 외부 자극의 증가량을 과소평가하는 경향이 있다. 빛을 인식하는 기능도 이와 비슷하다. 만일 당신이 개기일식 때 태양을 바라보고 있다면 달의 그림자가 태양의 90%를 가려도 하늘이 밤처럼 어두워졌다는 사실을 인식하지 못할 것이다. 이밖에도 별의 밝기를 나타내는 단위나 지진의 강도를 나타내는 진도(震度) 역시 선형적 스케일이 아닌 로그 스케일로 정의되어 있다. 인간의 오감으로 느낄 수 있는 물리량이 로그 스케일로 정의되어 있는 데에는 여러 가지 이유가 있지만 인간의 오감이 외부의 자극을 로그함수로 받아들인다는 사실도 크게 작용했을 것이다.

그렇다면 인간의 오감을 넘어선 영역에도 무언가가 존재하고 있을까? 만일 존재한다면 어떻게 확인할 수 있을까?

우리 인간은 자신과 가까운 주변환경의 정보를 수집하고 분석하는데 탁월한 능력을 발휘하지만(낮과 밤을 구별하거나 식사시간을 인지하는 능력 등) 과학도구 없이 자연을 이해하는 능력은 형편없이 떨어진다. 바깥세계에 무엇이 있는지 확인하려면 타고난 감각기관 이외에 과학적인 탐색장치의 도움을 받아야 한다. 대부분의 과학도구는 인간의 오감보다 훨씬 예민하고 정확하게 설계되어 있다.

개중에는 일반인이 도저히 알 수 없는 사실을 알아채거나 보지 못하는 것을 볼 수 있다고 주장하는 사람도 있다. 이러한 능력을 흔히 '육감'이라고 한다. 점쟁이나 독심술사는 신비한 능력을 소유한 대표적인 사람들이다. 그들은 자신의 능력을 과시하면서 사람들을 매료시키는데, 특히 출판가나 TV프로그램 제작자들이 주 대상이다.

초심리학은 과학적으로 설명될 수 없지만 '그런 능력을 보유한 사람이 분명히 존재한다'는 전제하에 명맥을 유지하고 있다. 만일 점쟁이들이 월가wall street에 진출하여 주식시장에서 자신의 예지력을 발휘한다면 천문학적인 부를 쌓을 수 있을 것이다. 그런데도 그들은 TV나 라디오 인터뷰에 간간이 응하는 등 소소한 일에만 관심을 갖고 있다. 점쟁이가 복권에 당첨됐다는 뉴스를 들어 본 적이 있는가? 나는 그 이유가 정말로 궁금하다.

신비적 현상과는 무관하지만 이중맹검double-blind(피실험자나 연구자에게 투약이나 치료대상을 알리지 않은 채 의료효과를 조사하는 방법 : 옮긴이)이 계속해서 실패하는 것을 보면 초심리학은 육감이라기보다 난센스에 가까운 것 같다.

현대과학은 수십 종의 감각장치를 사용하고 있지만 과학자들은 그것을 ‘특별한 능력’이 아닌 ‘특별한 하드웨어’로 간주하고 있다.

하드웨어란 인간의 오감으로 느낄 수 없는 정보들을 수집하여 인간이 이해할 수 있는 간단한 차트나 다이어그램 또는 영상으로 바꿔 주는 장치이다. 공상과학 TV드라마로 커다란 인기를 누리고 있는 「스타트렉Star Trek」을 보면 승무원들이 우주선에서 미지의 행성으로 공간이동할 때 트리코더tricorder라는 장비를 항상 휴대하는 모습을 볼 수 있다. 트리코더는 행성에서 마주치는 모든 생명체와 무생물체의 기본적 특성을 스캔-분석하여 지구인이 알아들을 수 있는 소리로 변환해 주는 환상적인 장치이다.

예를 들어 밝은 빛을 내는 미지의 둥근 물체가 우리 눈앞에 놓여 있다고 가정해 보자. 트리코더 같은 장비가 없다면 이 물체의 화학적 성분이나 핵 구성성분 등을 무슨 수로 알 수 있겠는가? 이 물체가 주변에 전자기장을 형성하고 있는지 또는 강력한 감마선이나 X선, 자외선, 마이크로파, 전파 등을 방출하고 있는지, 인간의 오감으로는 도저히 알 수 없다. 뿐만 아니라 이 물체의 세포조직이나 결정구조도 확인할 수 없다. 우주공간에서 이런 물체를 발견한다 해도 과학도구 없이는 거리와 이동속도, 회전속도 등을 알 길이 없다. 물론 여기서 방출되는 빛의 스펙트럼이나 편광여부도 알 수 없다. 과학관측이라는 관점에서 볼 때 인간의 오감은 거의 무용지물이나 다름없다.

물체를 분석할 만한 하드웨어도 없고 직접 만지거나 핥아 볼 용기도 없다면 승무원은 우주선을 향해 이런 보고를 하는 수밖에 없다. “선장님, 방금 둥그런 물체를 발견했습니다!” 에드윈 허블Edwin P. Hubble에게는 조금 미안한 일이지만 이 장의 서두에 인용된 그의 글은 다음과 같이 수정되어야 할 것 같다.

인간은 오감과 함께 망원경, 현미경, 질량분석기, 지진계, 자기계, 입자가속기, 전자기 스펙트럼 감지기 등을 도구 삼아 자신을 에워싸고 있는 우주를 탐사하면서 그 행위를 '모험의 과학'이라 불러 왔다.

만일 인간이 가시광선 영역을 마음대로 조절할 수 있고 눈의 분해능도 지금보다 훨씬 뛰어나다면 우리에게 보이는 세상은 한마디로 환상 그 자체였을 것이다. 가시광선 영역을 전파의 주파수에 맞추면 하늘은 대낮에도 밤처럼 어두울 것이고, 은하수Milky Way(태양계가 속해 있는 은하: 옮긴이)의 중심부와 같이 전파를 방출하는 천체들이 궁수자리의 뒤쪽에서 밝은 빛을 발하고 있을 것이다. 여기서 가시광선 영역을 마이크로파로 이동하면 우주 전체가 밝게 빛나는 장관을 볼 수 있다. 빅뱅이 일어나고 약 380,000년이 지난 후 대량으로 방출된 마이크로파의 잔해가 지금도 우주공간을 가득 메우고 있기 때문이다.

여기서 다시 가시광선 영역을 X선으로 이동하면 블랙홀을 볼 수 있고, 감마선 쪽으로 이동하면 우주 전역에 걸쳐 거의 하루에 한 번 꼴로 일어나는 초대형 폭발 현장을 생생하게 목격할 수 있다.

인간에게 자기계의 역할을 하는 감각기관이 있다면 나침반은 결코 발명되지 않았을 것이다. 이 기관으로 지자기의 방향과 세기를 감지하면 북극의 방향이 마치 지평선 너머의 오즈Oz처럼 선명하게 나타날 것이다. 그리고 인간의 망막에 스펙트럼 분석기가 달려 있다면 우리가 마시는 공기의 성분을 애써 분석할 필요도 없었을 것이다.

그냥 눈으로 바라보기만 하면 공기의 대부분이 산소분자로 이루어져 있다는 것을 금방 알 수 있었을 테니 말이다. 뿐만 아니라 은하수에 있는 별과 성운도 지구에 있는 것과 동일한 원소로 이루어져 있다는 사실을 이미 수천 년 전에 알았을 것이다.

그리고 우리의 눈이 지금보다 훨씬 크면서 도플러효과까지 감지할 수 있다면 모든 은하가 우리로부터 멀어져 가는 모습을 줄곧 보아 왔을 것이므로 우주가 팽창하고 있다는 사실을 유인원 시대부터 알고 있었을 것이다.

또한 인간의 눈이 고성능 현미경과 비슷한 분해능을 갖고 있었다면 몸에 난 상처나 음식물 근처에서 인간에게 병을 옮기는 박테리아와 바이러스가 꾸물거리며 기어가는 모습을 매일같이 보면서 살았을 것이므로 전염병을 비롯한 모든 질병을 신의 분노로 해석하는 사람도 없었을 것이다. 약간의 실험만 거치면 인간에게 좋고 나쁜 세균을 구별할 수 있었을 것이다. 뿐만 아니라 수술 후에 일어날 수 있는 감염문제도 이미 수백 년 전에 해결되었을 것이다.

인간의 눈이 고에너지 입자를 감지할 수 있다면 먼 거리에 있는 방사능 물질을 판별할 수 있다. 이렇게 되면 비싼 돈을 주고 가이거계수기(방사선을 검출하는 장비: 옮긴이)를 살 필요가 없다. 마룻바닥에 서서히 스며드는 라돈가스를 눈으로 볼 수 있다면 방사능 오염 여부를 판별하기 위해 전문가를 부르는 일도 없을 것이다.

인간의 타고난 감각은 수십 년 동안 다양한 외부정보를 수용하고 분석하면서 일련의 데이터베이스를 구축한다. 정상적인 성인들은 이 자료를 근거로 하여 무엇이 상식적이고 무엇이 비상식적인지 자신 있게 주장할 수 있다. 그러나 지난 세기에 이루어진 과학적 발견들은 대부분 인간의 오감을 벗어난 수학 및 하드웨어 영역에서 이루어졌다. 상대성이론과 입자물리학 그리고 10차원 또는 11차원의 공간을 배경으로 하는 끈이론 등이 일반인들에게 난센스로 보이는 것은 바로 이런 이유 때문이다. 물론 블랙홀이나 웜홀, 빅뱅도 사정은 마찬가지다. 사실 이런 개념들은 과학자의 입장에서도 그다지 피부에 와 닿지 않는다. 타임머신을 타고 19세기로 돌아가서 당시의 과학자들에게 상대성이론이나 끈이론을 설명한다면 대부분 말도 안 되는 소리라며 혀를 찰 것이다. 그러나 과학자들은 새로운 발견이 이루어질 때마다 '상식'의 단계를 조금씩 높여 가면서 눈에 보이지 않는 원자세계나 상상조차 하기 어려운 10차원 공간을 대상으로 창조적인 사고를 펼쳐 왔다. 독일의 물리학자 막스 플랑크 Max Planck는 20세기 초에 양자역학을 창시하면서 이와 비슷한 사실을 간파하였다.

현대물리학은 인간의 오감을 초월한 곳에도 진리가 존재하며, 경험적 세계에서 가장 가치 있는 보물보다 더욱 값진 진리들이 그곳에서 서로 충돌하면서 온갖 문제를 일으키고 있다는 오래된 가르침을 다시 한 번 우리에게 일깨워 주고 있다.(1931, 107쪽)

"아무도 없는 숲 속에서 나무가 쓰러진다면 과연 소리가 날 것인가?"라는 쓸데없는 형이상학적 질문에 상식적인 답을 내놓아도 인간의 오감은 그것을 수용하지 못한다. 내가 제시하는 답은 다음과 같다.

"아무도 없다면 나무가 쓰러지는 것을 어떻게 알 수 있는가?" 그러나 대부분의 사람은 이런 답에 만족하지 못할 것이다. 이와 비슷한 질문을 또 하나 던져 보자. "일산화 탄소의 냄새를 맡을 수 없다면 그 존재를 어떻게 알 수 있는가?" 답: "당신은 이미 죽었다." 현대사회에서 오직 오감만으로 외부세계를 감지하면서 살아간다면 우리의 삶은 당장 위험에 직면하게 될 것이다.

무언가를 알아내는 새로운 방법이 개발되었다는 것은, 외부세계를 인지하는 '비생물학적' 감각기관이 새로 개설되었음을 의미한다.

이런 발견이 이루어질 때마다 우주는 한층 더 복잡하고 장엄한 모습을 우리에게 드러내고 인간은 점차 초감각을 지닌 존재로 진화한다.

이런 식으로 계속 발전하다 보면 언젠가는 우주의 모든 신비를 인간의 '상식'으로 이해할 수 있는 날이 찾아올 것이다.

제2장

하늘에 떠 있는 지구

아이작 뉴턴이 만유인력법칙을 발견하기 전까지만 해도 "지구에서 성립하는 법칙은 우주 전역에 걸쳐 통용된다"는 가정을 내세울 만한 근거가 별로 없었다. "지구에는 지구에 어울리는 물체들이 지구의 법칙을 따라 존재하고 있으며, 하늘에는 하늘에 어울리는 만물들이 하늘의 법칙에 따라 운영되고 있다"는 것이 당시 사람들의 생각이었다. 실제로 그 시대에 활동했던 학자들은 인간의 나약한 능력으로 하늘의 섭리를 이해하는 것이 불가능하다고 믿었다. 앞으로 7부에서 자세히 언급하겠지만 뉴턴이 모든 운동을 '이해가능하고 예견 가능한 현상'으로 적나라하게 펼쳐 보였을 때 일부 신학자들은 '신이 할 일을 남겨두지 않았다'며 뉴턴을 신랄하게 비난했다. 뉴턴은 사과를 나뭇가지에서 떨어지게 하는 중력이 날아가는 포사체의 궤적을 결정하며, 달을 지구 주변에 붙잡아 두는 역할도 한다는 것을 증명했다. 또한 뉴턴의 중력이론은 태양계의 행성과 소행성 그리고 혜성의 운동을 정확하게 예견하였고, 은하수 안에 있는 수천 억 개의 별 사이에도 태양계와 동일한 방식으로 중력이 작용한다는 사실을 알아냈다.

물리법칙의 범용성은 과학적 발견의 가치를 한층 더 높여 주었으며 중력은 그 서막에 불과했다. 19세기의 천문학자들이 프리즘을 이용하여 빛의 스펙트럼 분석법을 알아낸 후 태양광선의 스펙트럼을 처음으로 관측했을 때 그들이 느꼈을 희열을 상상해 보라. 스펙트럼은 보기에도 아름다울 뿐만 아니라 광원의 온도와 구성성분 등 방대한 양의 정보를 담고 있다. 모든 종류의 화학원소는 스펙트럼 상의 특정 위치에 밝은 선과 검은 선을 번갈아 그리면서 자신의 존재를 드러낸다. 즉 스펙트럼은 화학원소를 식별하는 '지문'인 셈이다. 그런데 더욱 반가운 것은 태양빛으로부터 얻은 스펙트럼이 실험실에서 얻은 스펙트럼과 정확하게 일치한다는 사실이다. 따라서 프리즘은 화학자들에게 필요한 도구일 뿐만 아니라 멀리 있는 천체의 구성성분을 알아내는 도구로 사용할 수 있다. 태양은 크기와 질량, 온도, 위치, 외형 등이 지구와 전혀 딴판이지만 수소, 탄소, 산소, 질소, 칼슘, 철 등 지구에서 발견되는 것과 동일한 원소로 이루어져 있다. 그러나 이보다 더욱 중요한 사실은 태양의 스펙트럼 배열을 설명해 주는 물리법칙이 어떻게 생겼건 간에 이와 동일한 법칙이 무려 1억 5000만 km나 떨어져 있는 지구에서도 적용된다는 점이다.

이와 같이 물리법칙의 범용성은 우리에게 엄청난 양의 정보를 제공해 준다. 뿐만 아니라 이것을 역으로 적용하면 전혀 몰랐던 사실을 새롭게 알아낼 수도 있다. 과거의 과학자들은 태양빛의 스펙트럼을 분석하던 중 지구에서 전혀 발견된 적이 없는 새로운 스펙트럼선을 찾아내고 몹시 흥분했다. 그들은 새로운 원소에 어떤 이름을 붙일까 고민하다가, 그리스어로 태양을 뜻하는 헬리오스helios에 '-um'이라는 접미사를 붙여 헬륨helium이라고 명명하였다. 그 후 얼마 지나지 않아 지구에서도 헬륨이 발견되었지만 그때 붙여진 이름은 지금도 그대로 통용되고 있다. 이리하여 헬륨은 주기율표에 등록된 원소 중 지구가 아닌 외계에서 발견된 처음이자 유일한 원소로 남게 되었다.

앞서 말한 바와 같이 물리학의 법칙은 태양계에도 그대로 적용된다. 그렇다면 은하 건너편에서도 적용될 수 있을까? 우주 반대편으로 가면 어떻게 될까? 아득한 시간이 흐른 뒤에도 여전히 같은 법칙이 적용되고 있을까? 지금부터 그 해답을 단계적으로 알아보자. 일단 지구와 가까운 별은 우리가 알고 있는 원소로 구성되어 있음이 밝혀졌다. 멀리 있는 연성binary stars(두 별의 질량 중심에 대해 각각 공전하는 두 개의 별 : 옮긴이)은 뉴턴의 중력법칙을 그대로 따르고 있다. 따라서 이중은하binary galaxy도 같은 법칙을 따를 것이다.

깊은 지층일수록 나이가 많은 것처럼, 우주공간도 지구에서 멀어질수록 과거로 거슬러 올라간다. 빛의 속도가 유한하여 지구에 도달할 때까지 시간이 걸리기 때문이다(멀리 있는 별일수록 우리는 더 오랜 과거의 모습을 보고 있는 셈이다). 관측 가능한 가장 먼 거리에 있는 별의 스펙트럼을 분석한 결과, 이들도 우리가 알고 있는 원소로 이루어져 있음이 밝혀졌다. 그런데 무거운 원소가 가벼운 원소보다 양이 적은 것을 보면 이들이 별의 내부에서 생성된 후 별의 폭발과 함께 우주 전역으로 흩어졌다는 추측이 가능하다. 그러나 원자와 분자의 특성을 설명하는 법칙만은 예나 지금이나 조금도 변하지 않았다.

물론 우주에서 일어나는 현상 중에는 지구에서 겪을 수 없는 것도 있다. 독자들은 수백만 도의 온도에서 밝게 빛나는 플라즈마 구름 속을 걸어 본 적도 없고 길을 걷다가 블랙홀을 밟고 비틀거린 적도 없을 것이다. 그러나 중요한 것은 자연현상의 편재성(遍在性)이 아니라 자연현상을 서술하는 법칙이 우주 어디서나 동일하다는 사실이다.

우주공간의 성운에서 날아온 빛의 스펙트럼을 처음으로 분석했을 때 과학자들은 지구에 존재하지 않는 원소를 발견했다. 그러나 이미 만들어진 원소의 주기율표에는 중간에 빠진 부분이 단 하나도 없었으므로(헬륨은 주기율표가 완성되기 전에 발견되었다), 천문학자들은 새로 발견된 원소에 임시로 '네불륨nebulium'이라는 이름을 붙여 놓고 내부구조를 분석하여 다음과 같은 사실을 알아냈다. 기체성운의 내부는 밀도가 아주 낮기 때문에 각 원자들은 다른 원자와 충돌하지 않고 꽤 먼 거리를 이동할 수 있다. 이런 환경에서 원자 내부의 전자는 지구에서 볼 수 없는 희한한 움직임을 보이는데, 새로운 스펙트럼이 얻어진 것은 바로 이런 현상 때문이었다. 결국 그들이 얻은 스펙트럼은 전자가 비정상적인 움직임을 보이는 산소원자로 밝혀졌고 네불륨이라는 이름은 곧 폐기되었다.

우리가 우주공간을 여행하다가 찬란한 문명을 꽃피운 외계행성에 도달했다고 가정해 보자. 물론 그들의 사회체계나 종교는 우리와 완전 딴판일 것이다. 그들은 결코 영어나 프랑스어 또는 중국어를 사용하지 않을 것이고, 악수를 하려고 내민 손을 적대감의 표현으로 오해할 수도 있다. 그러나 그들이 발견한 물리법칙만은 우리가 알고 있는 것과 동일할 것이므로 과학적 언어를 이용하여 우리의 뜻을 전달하는 것이 가장 현명한 선택일 것이다.

실제로 1970년대에 우주로 발사된 파이어니어Pioneer 10, 11호와 보이저Voyager 1, 2호에는 외계생명체가 이해할 만한 메시지가 탑재되어 있다(이들은 태양계를 벗어나 외계로 진출한 최초의 우주선이었다). 파이어니어호는 태양계의 구조와 은하수에서 지구의 위치 그리고 수소원자의 구조가 새겨진 금판을 실은 채 지금도 우주공간을 날아다니고 있으며, 보이저호는 여기서 한 걸음 더 나아가 인간의 심장박동소리와 고래의 노랫소리 그리고 베토벤에서 척 베리Chuck Berry에 이르는 다양한 음악을 싣고 있다. 이렇게 '인간적인' 정보들은 지구인의 존재를 알리는데 효과적이긴 하지만, 정작 우주선을 발견한 외계인들이 귀라는 감각기관을 갖고 있지 않다면 무용지물이 된다. 여기서 잠시 짤막한 농담 하나 — 어느 날 보이저호를 발견한 외계인이 간단한 회신을 NASA로 보내 왔다. "지구인 들어라. 다른 건 다 필요 없고, 척 베리 노래나 더 보내 달라!"

3부에서 자세히 언급하겠지만 과학자들은 범우주적 법칙뿐만 아니라 영원히 변하지 않는 물리적 상수도 여러 개 발견하였다. 뉴턴의 중력방정식에 등장하는 중력상수 G는 중력의 세기를 결정하는 범우주적 상수로서, 약간의 수학을 거치면 빛의 밝기가 중력상수 G에 따라 크게 달라진다는 사실을 알 수 있다. 만일 과거에 G의 값이 지금과 조금 달랐다면 태양의 밝기가 지금과 크게 달라져서 지구에 생명체가 출현하지 못했을 것이다. 그러나 지질학적 기록과 과거의 기후 등을 조사해 보면 G의 값은 언제나 일정했음을 알 수 있다. G뿐만 아니라 물리적으로 중요한 상수들은 시간과 장소에 관계없이 언제나 일정한 값을 유지한다.

이것이 바로 우리의 우주가 운영되는 방식이다.

여러 가지 물리상수 중에서 가장 널리 알려진 것은 아마도 빛의 속도일 것이다. 당신이 이 세상에서 가장 빠른 운송수단을 타고 아무리 빠르게 이동한다 해도 빛보다 빠를 수는 없다. 왜 그런가? 이와 관련하여 지금까지 수많은 실험이 실행되었지만 빛보다 빠르게 움직이는 물체는 단 한 번도 발견된 적이 없다. 뿐만 아니라 확실하게 검증된 물리법칙이 이 사실을 뒷받침하고 있다. 사실 모든 물체(또는 모든 종류의 신호)가 빛보다 빠를 수 없다고 단정하는 것은 다소 보수적인 생각일 수도 있다. 과거에도 발명가와 공학자들의 능력을 과소평가한 주장들이 보편적으로 받아들여지곤 했다. "인간은 결코 날 수 없다" "비행은 상업성이 전혀 없다" "음속보다 빠르게 이동하는 것은 불가능하다" "원자는 더 이상 분할될 수 없다" "인간은 절대로 달에 갈 수 없다" — 불과 100여 년 전만 해도 사람들은 이런 주장을 별 의심 없이 받아들였다. 그런데 이들의 주장에는 공통점이 하나 있다. 물리학의 법칙을 아무리 들여다봐도, 그것을 금지하는 조항이 없다는 것이다.

그러나 "빛보다 빠르게 움직일 수 없다"는 주장은 위에 열거한 주장과 그 성질이 근본적으로 다르다. 이것은 물리학의 기본원리로서 이미 충분한 실험을 통해 검증된 사실이다. 미래에 우주 고속도로를 달리는 여행객들은 다음과 같은 안내판을 보게 될지도 모른다.

언젠가 나는 "중력에 순응하세요OBEY GRAVITY"라고 적혀 있는 티셔츠를 입고 다녔던 적이 있다. 언뜻 들으면 순응하지 않는 사람을 계도하는 것 같지만 모두 알다시피 지구 위의 모든 삼라만상은 중력에 순응할 수밖에 없다. 물리법칙의 좋은 점은 그것을 시행하는 집행관이 없어도 잘 지켜진다는 점이다.

자연현상을 물리적으로 설명할 때에는 여러 개의 물리법칙을 동시에 적용해야 하는 경우가 대부분이다. 그래서 벌어진 상황을 분석하고 중요한 변수를 추적하려면 슈퍼컴퓨터를 사용해야 한다. 1994년에 슈메이커─레비Shoemaker-Levy 9 혜성이 목성의 대기층에서 폭발했을 때 과학자들은 이 현상을 예견하고 분석하기 위해 유체역학과 열역학, 운동역학, 중력 등 다방면의 법칙을 총동원했으며, 그 많은 법칙을 유기적으로 연결하기 위해 가장 강력한 슈퍼컴퓨터를 사용하였다. 날씨를 예보하는 것도 이에 못지않게 복잡하고 어려운 작업이다. 그러나 제아무리 복잡한 물리계라 해도 근본적인 법칙은 항상 적용할 수 있다. 목성의 대적반Great Red Spot(목성의 남반구에 있는 붉은색의 거대한 반점: 옮긴이)에는 최소 350년 동안 엄청난 강풍이 몰아치고 있는데 이 현상을 설명하는 물리법칙은 지구나 다른 행성에도 똑같이 적용될 수 있다.

관측 가능한 물리량 중에는 시간과 장소에 관계없이 항상 일정하게 유지되는 양이 있는데, 이 사실을 보장해 주는 법칙이 바로 '보존법칙conservation law'이다. 중요한 보존량으로는 에너지, 선운동량과 각운동량 그리고 전기전하가 있다. 보존법칙은 입자물리학에서 우주 전역에 이르기까지 광범위한 영역에 적용되는 법칙이므로 일상적인 규모에서 쉽게 확인할 수 있다.

그러나 우주의 모든 만물이 이처럼 완벽하기만 한 것은 아니다. 앞서 지적한 대로 우주중력의 85%는 볼 수 없고 만지거나 맛볼 수도 없다. 그 원천으로 추정되는 암흑물질은 우주공간에서 중력만 행사하고 있을 뿐 그 존재가 직접적으로 확인된 적은 없다. 만일 암흑물질이 정말로 존재한다면 지구에서 한 번도 본 적이 없는 성분으로 이루어져 있을 것이다. 그러나 개중에는 암흑물질 가설을 받아들이지 않는 천문학자도 있다. 뉴턴의 중력법칙에 몇 가지 요소를 추가하면 새로운 물질을 도입하지 않고서도 망원경으로 관측된 중력분포를 설명할 수 있다는 것이다.

뉴턴의 중력법칙을 수정해야 하는 날이 찾아온다 해도 크게 문제될 것은 없다. 우리는 과거에 이와 비슷한 일을 겪은 적이 있다. 1916년에 아인슈타인은 일반상대성원리를 발표하면서 물체의 질량이 지나치게 큰 경우에는 뉴턴의 중력법칙이 성립하지 않는다고 주장하였고 얼마 지나지 않아 그의 주장은 사실로 판명되었다. 이 사례로부터 우리가 배운 교훈은 무엇인가? "물리법칙에 대한 우리의 믿음은 법칙이 검증된 영역 안에서만 통용된다"는 사실이다. 적용범위가 넓어질수록 우주를 서술하는 물리법칙은 더욱 강력해진다. 뉴턴의 중력법칙은 일상적인 규모에서 매우 정확하게 들어맞지만, 블랙홀이나 거대한 천체로 가면 일반상대성이론을 적용해야 한다. 자신에게 주어진 범위를 넘어가지만 않는다면 모든 물리법칙은 우주 어디에서나 올바르게 적용될 수 있다.

　이와 같이 물리법칙은 범우주적으로 통용되기 때문에 과학자들의 눈에 비치는 우주는 매우 단순한 존재이다. 그러나 우주의 한 점에 불과한 인간은 심리학적 측면에서 볼 때 엄청나게 복잡한 존재이다. 미국 교육위원회에서는 학생들의 교과과목을 설정하기 위해 주기적으로 투표를 실시하는데 각 위원들은 사회적 또는 정치적 성향이나 종교에 따라 자신의 투표권을 행사하곤 한다. 동서고금을 막론하고 국가나 민족 사이에 종교와 관련하여 야기된 분쟁은 항상 정치적 대립을 수반하기 때문에 평화적으로 해결되기 어렵다. 그러나 물리법칙은 사람들이 그것을 믿건 안 믿건 간에 항상 정해진 규칙을 따라 모든 곳에 적용된다. 물리법칙을 제외한 모든 것은 개인적 사견에 불과하기 때문에 그토록 다양한 형태로 표출되고 있는 것이다.

　과학자들은 명백한 사실을 놓고 논쟁을 벌이는 일이 거의 없지만, 일반인들은 많은 시간을 이런 논쟁으로 소모한다. 그리고 대부분의 사람은 논쟁을 벌일 때 첨단지식을 자신의 입맛대로 해석하는 경향이 있다. 그러나 일상적인 논쟁에 물리법칙이 개입되면 모든 정황이 명백해지고 자칫 장황해지기 쉬운 토론을 간결하게 끝낼 수 있다. 누군가가 영구기관을 만들 수 있다고 주장하는가? 턱도 없는 소리다. 영구기관은 기본적으로 열역학법칙에 위배되기 때문에 별 짓을 다해도 만들 수 없다. 타임머신을 만들어 과거로 거슬러 올라가 어머니를 죽이려고 하는 이가 있는가? 말도 안 되는 소리다. 타임머신은 인과율에 위배된다. 또 누가 결가부좌를 틀고 앉아서 마음을 다스리면 공중으로 떠오를 수 있다고 주장하는가? 그것이 가능하려면 운동량법칙을 마음대로 조절할 수 있어야 한다. 물론 아래쪽으로 배기가스를 강하게 분출하거나 눈에 잘 띄지 않는 줄에 매달려 있다면 물리법칙에 따라 공중으로 떠오를 수 있다. 이런 경우를 제외하고는 더 이상 길게 이야기할 필요가 없다. 물리법칙은 모든 것에 우선하기 때문이다.

물리법칙을 알고 있으면 잘못된 지식으로 무장한 사람들을 당당하게 대할 수 있다. 몇 년 전에 나는 패서디나의 한 카페에서 다음과 같은 일을 겪은 적이 있다. 때마침 뜨거운 음료가 마시고 싶어서 크림을 얹은 코코아를 주문했는데 웨이터가 갖고 나온 코코아 잔에는 크림이 보이지 않았다. 내가 크림을 왜 넣지 않았냐고 따졌더니 웨이터는 크림이 코코아 안으로 가라앉아서 보이지 않는 것이라고 항변했다.

사실 거품크림은 밀도가 아주 작기 때문에 인간이 마실 수 있는 어떤 음료에 섞어도 위로 뜨기 마련이다. 나는 웨이터에게 두 가지 가능성을 제시했다. "주방에서 일하는 직원이 깜빡 잊고 내 코코아에 크림을 넣지 않았거나, 물리학의 법칙이 이 카페에서만 다르게 적용되고 있거나 둘 중 하나가 분명합니다. 나는 전자에 걸 건데, 당신은 어느 쪽에 거시겠습니까?" 웨이터는 못마땅한 표정을 지으며 주방에서 크림 한 스푼을 가져와 직접 실험해 보았고 얼마 후 나는 크림을 얹은 코코아를 마실 수 있었다.

물리법칙의 범용성을 증명할 때 이보다 좋은 방법이 또 어디 있겠는가?

제3장

눈에 보이는 것이
전부가 아니다

지금까지 얻은 관측결과를 살펴보면 우주는 우리가 알고 있는 법칙을 잘 따르고 있는 것처럼 보인다. 그런데 나는 가끔 이런 의문을 가질 때가 있다. "혹시 우주는 우리의 지식과 전혀 다르게 운영되고 있는 것은 아닐까? 겉으로는 인간이 알고 있는 법칙을 따르는 척하면서 속으로 엄청난 음모가 진행되고 있지는 않을까?" 아닌 게 아니라 나의 걱정을 뒷받침하는 증거들이 도처에서 발견되고 있다.

현대를 사는 우리들은 개인적으로 단 한 번도 확인해 보지 않은 채 지구가 구형 행성임을 당연하게 받아들이고 있다. 그러나 지난 수천 년 사이에 지구에서 살다간 수많은 현자는 지구가 평평하다는 것을 믿어 의심치 않았다. 지금 당장 당신의 주변을 둘러보라. 위성에서 보내온 자료 이외에 지구가 둥글다는 증거를 찾을 수 있겠는가? 날아가는 비행기에서 내려다봐도 사정은 크게 달라지지 않는다. 그러나 지구의 표면이 평면이 아닌 곡면이라는 것은 분명한 사실이므로 지구의 표면에서 성립되는 기하학적 사실들은 매끄러운 비유클리드기하학적 곡면 위에서도 똑같이 성립되어야 한다. 곡면 위에서 아주 작은 부분을 취하여 기하학적 특성을 살펴보면 평면의 경우와 거의 다를 것이 없다. 과거에 살던 사람들은 고향에서 멀리 떠나는 일이 거의 없었으므로 "내가 사는 곳이 지구의 중심이고 지평선(세상의 끝)까지의 거리는 모든 방향으로 동일하다"는 자기중심적 지구평면설을 별 거부감 없이 받아들일 수 있었다. 세계 각국에서 출판된 세계지도를 보면 거의 예외 없이 특정국가(지도를 출판한 국가)가 지도의 중심에 놓여 있다.

이제 지구를 벗어나 하늘을 올려다보자. 망원경이 없었다면 별들이 지구에서 얼마나 멀리 떨어져 있는지 짐작조차 못 했을 것이다. 별들은 마치 둥그런 그릇의 안쪽에 접착제로 붙어 있는 것처럼 동일한 궤적을 따라 뜨고 지기를 반복하고 있다. 그렇다면 모든 별이 지구에서 동일한 거리에 있다고 주장할 수도 있지 않을까?

물론 지구에서 별까지의 거리는 별들마다 제 각각이고 별들이 박혀 있는 둥그런 그릇 같은 것은 존재하지 않는다. 밤하늘의 별들은 모든 공간에 골고루 퍼져 있는 것처럼 보인다. 과연 그럴까? 맨눈으로 보면 가장 밝은 별은 가장 희미한 별보다 100배 이상 밝다. 그렇다면 가장 희미한 별은 가장 밝은 별보다 100배 이상 먼 거리에 있는 것일까?

아니다. 결코 그렇지 않다.

위와 같은 논리가 성립하려면 모든 별의 절대밝기가 동일하다는 전제부터 내세워야 한다. 그러나 망원경으로 별의 밝기를 측정해 보면 가장 밝은 별과 가장 어두운 별의 광도 차이는 무려 10^{10}배에 달한다. 따라서 가장 밝은 별이 가장 가까운 거리에 있는 것은 아니다. 실제로 밤하늘에 빛나는 별들은 밝기가 모두 다르고 지구로부터 엄청나게 먼 거리에 있다.

은하를 구성하는 모든 별도 우리 눈에 보이는 별처럼 밝은 빛을 발하고 있을까?

아니다.

밝은 별은 그리 흔하지 않다. 평균적으로 볼 때 희미한 별과 밝은 별의 비율은 1,000 : 1이 넘는다. 밝은 별은 빛이 그 먼 거리를 가로질러 지구에 도달해도 여전히 밝게 보일 정도로 엄청난 양의 에너지를 방출하고 있다.

두 개의 별이 동일한 밝기로 빛나고 있다고 가정해 보자. 이들 중 하나는 다른 하나보다 (지구로부터) 100배 먼 거리에 있다. 그렇다면 가까운 별은 멀리 있는 별보다 100배 밝게 보일 것인가? 아니다. 빛의 밝기는 거리의 제곱에 반비례하기 때문에 거리가 100배이면 밝기는 $(100)^2$배 줄어든다. 여기에 '역제곱법칙'이 적용되는 것은 순전히 기하학적 이유 때문이다. 하나의 광원에서 빛이 생성되면 빛의 최첨단은 구면파를 형성하면서 사방으로 퍼져 나가게 되는데 구의 면적은 반지름, 즉 광원으로부터의 거리에 비례하고('구의 면적 = $4\pi r^2$'이라는 공식을 떠올려 보라) 원래의 밝기가 이 표면적 위에 골고루 퍼져야 하기 때문에 빛의 밝기는 거리의 제곱에 반비례한다.

별들은 지구로부터 각기 다른 거리에서 빛을 발하고 있으며 절대적인 밝기도 제 각각이다. 따라서 눈에 보이는 밝기만으로 별에서 방출되는 빛의 양을 추정하는 것은 거의 불가능하다. 그러나 아무리 시간이 흘러도 별의 위치는 변하지 않는 것 같다. 지난 수천 년 동안 우리의 선조들은 별이 하늘에 고정되어 있다고 굳게 믿어 왔다. 구약성서의 창세기 1장 17절에는 "하나님이…… 별들을 만드시고 그것들을 하늘의 궁창(穹蒼)에 두어 땅에 비추게 하시며……"라는 구절이 등장하고, 클라우디우스 프톨레마이오스 Claudius Ptolemaeus (톨레미)는 서기 150년경에 출판된 그의 저서 『알마게스트 Almagest』에서 "하늘의 별은 절대로 움직이지 않는다"고 자신 있게 주장하고 있다.

만일 별들의 위치가 변하고 있다면 지구로부터의 거리도 수시로 달라져야 하므로 별의 크기와 밝기 그리고 별들 사이의 거리도 매년마다 달라져야 한다. 그러나 이런 변화는 지금까지 단 한 번도 관측된 적이 없다. 그렇다면 별들이 정말로 하늘에 고정되어 있는 것일까? 아니다. 우리 인간은 그런 주장을 자신 있게 펼칠 정도로 하늘을 아주 오랜 시간 동안 관측해 오지 않았다. 별이 움직인다는 주장을 최초로 펼친 사람은 핼리혜성으로 유명한 에드몬드 핼리 Edmond Halley 이다. 그는 1718년에 별의 '현재' 위치를 기원전 2세기에 그리스의 천문학자 히파르코스 Hipparchus 가 남긴 관측기록과 비교하였다. 핼리는 히파르코스의 기록을 굳게 신뢰하고 있었지만 무려 18세기가 지난 후대의 사람이었으므로 그의 기록을 재검증할 수 있는 위치에 있었다. 그는 현재와 과거의 기록을 일일이 비교한 끝에 대각성 Arcturus (大角星, 목자자리에서 가장 큰 별: 옮긴이)의 위치가 변했다는 사실을 발견함으로써 '별의 항구성'이라는 오랜 믿음에 종지부를 찍었다. 그러나 이동거리가 너무 짧아서

100년 이내에 일어나는 움직임은 망원경으로 관측해야 간신히 알 수 있을 정도이다.

하늘에 떠 있는 모든 천체 중에서 움직임이 육안으로 관측되는 것은 단 일곱 개뿐이다. 그중 다섯 개는 태양을 중심으로 공전하고 있는 행성이며 나머지 두 개는 태양과 달이다('행성planetes'이라는 이름은 그리스어로 '방랑자'라는 뜻이다). 다섯 개의 행성은 수성, 금성, 화성, 목성, 토성으로 달력에 사용되는 각 요일(曜日)의 명칭은 이들의 이름에서 따온 것이다. 고대인들도 우리와 마찬가지로 행성이 다른 별들보다 지구에 더 가깝다고 생각했다. 그러나 그들이 생각했던 행성의 공전중심은 태양이 아닌 지구였다.

사모스Samos(에게 해 동부 그리스 령의 섬. 피타고라스의 고향으로 유명함: 옮긴이)의 아리스타르코스Aristarchus는 기원전 3세기경에 태양을 중심으로 한 우주모형을 처음으로 제안하였다. 그러나 당시에는 행성을 비롯한 모든 별이 지구를 중심으로 공전한다는 의견이 지배적이었다. 만일 지구가 움직이고 있다면 우리는 왜 그것을 느낄 수 없는가? 당시 사람들의 의문은 다음과 같이 요약된다.

- 만일 지구가 스스로 회전하거나(자전) 통째로 움직이고 있다면(공전) 하늘에 떠 있는 구름과 새들은 왜 뒤로 처지지 않는가?
- 지구가 움직이고 있다면 한 지점에서 수직방향으로 뛰어올랐을 때 이전과 다른 지점으로 내려앉아야 하지 않겠는가?
- 만일 지구가 태양을 중심으로 공전하고 있다면 지구에서 별을 바라보는 각도가 연속적으로 변하여 별자리의 형태가 달라져야 하

지 않겠는가?

  현대를 사는 우리들은 위의 질문들이 한결같이 우문(愚問)에 불과하다는 것을 잘 알고 있다. 처음 두 개의 의문을 해결한 사람은 갈릴레오 갈릴레이 Galileo Galilei 였다. 그는 사람이나 물체가 공중에 떠 있어도 대기를 비롯한 모든 만물이 같이 움직이기 때문에 지구의 자전을 느끼지 못한다고 주장했다. 초음속으로 날아가는 비행기의 복도에 서서 위로 점프하면 비행기의 꼬리 쪽에 있는 화장실 문에 부딪히지 않고 처음 점프한 자리에 그대로 내려앉는다. 그리고 세 번째 의문은 잘못된 것이 없다. 다만 별들의 이동이 너무 미미하기 때문에 고성능 망원경이 없으면 변화를 감지하기 어렵다. 이 효과는 1838년에 독일의 천문학자 프리드리히 베셀 Friedrich Wilhelm Bessel 에 의해 처음으로 관측되었다.

  프톨레마이오스의 저서 『알마게스트 Almagest』는 지구중심적인 우주관으로 가득 차 있다. 물론 여기에는 과학뿐만 아니라 당시의 문화나 종교적 가치관도 커다란 요인으로 작용했다. 그 후 1543년에 니콜라우스 코페르니쿠스는 『천구의 회전에 관하여 De Revolutionibus Orbium Coelestium』라는 저서를 통해 우주의 중심이 지구가 아니라 태양임을 처음으로 주장하였다. 그런데 당시 신교 신학자였던 안드레아스 오시안더 Andreas Osiander 가 코페르니쿠스의 원고를 사전에 읽어 보고 교단에 풍파가 불어 닥칠 것을 염려하여 다음과 같은 서문을 추가하였다.

지성을 갖춘 사람이라면 태양이 하늘의 중심에 고정되어 있고 지구가 움직인 다는 새로운 주장에 적잖은 충격을 받을 것이다……. 그러나 이 주장이 사실이라는 증거는 어디에도 없으며, 사실일 가능성도 거의 없다. 다만 관측된 사실을 계산으로 재현하기 위해 기존과 다른 가설을 내세운 것뿐이다.(1999, 22쪽)

그러나 정작 코페르니쿠스는 책이 출판된 후 불어 닥칠 풍파에 별다른 관심을 두지 않았던 것 같다. 그는 책의 서두에 실린 '교황 바오로 3세에게 바치는 헌정사'에 다음과 같이 적어 놓았다.

이 책은 지구의 운동과 하늘의 구조에 대하여 혁명적인 내용을 담고 있다. 나는 이 내용을 접한 사람들이 나에게 비난을 퍼부으며 주장을 즉각 철회하라고 강요할 것임을 잘 알고 있다.(1999, 23쪽)

그러나 1608년에 네덜란드의 안경제작자 한스 리페르세이Hans Lippershey가 망원경을 발명했고 이 도구를 사용하여 최초로 하늘을 관측한 갈릴레오는(망원경이 처음 상용화된 분야는 천문학계가 아니라 군대였다: 옮긴이) 목성의 주변을 공전하고 있는 네 개의 위성과 금성의 특이한 움직임을 발견하였다. 그리고 비슷한 시기에 얻어진 관측결과들은 한결같이 코페르니쿠스의 태양중심적 우주관을 뒷받침하고 있었다. 그 후로 사람들은 지구가 우주에서 그다지 특별한 존재가 아니라는 사실을 깨닫게 되었으며 여기에 기초한 코페르니쿠스의 혁명은 공식적으로 영향력을 발휘하기 시작했다.

지구가 여러 개의 행성 중 하나에 불과하다면 그들의 운동을 관장하는 태양은 어디에 위치하고 있는가? 태양이 있는 곳이 우주의 중심인가? 그럴 리 없다. 지구가 우주의 중심이라는 착각에서 헤어난 이상 비슷한 착각에 또 빠질 사람은 없다.

만일 태양계가 우주의 중심이라면 하늘의 어느 방향을 바라봐도 별의 개수가 거의 같아야 한다. 그러나 태양계가 우주의 중심에서 벗어나 있다면 특정 방향에 별들이 집중되어 있을 것이다. 우주의 중심은 바로 그 방향에 놓여 있다.

1785년에 영국의 천문학자 윌리엄 허셜 William Herschel 은 모든 별의 위치와 지구로부터의 거리를 산출한 끝에 태양계가 우주의 중심이라고 결론지었다. 그 후 100여 년이 지나 네덜란드의 천문학자 야코뷔스 코르넬리위스 캅테인 Jacobus Cornelius Kapteyn 은 당시 최첨단 거리산출법을 이용하여 은하 안에서 태양계의 위치를 추적하였다. 은하수는 맨눈으로 봤을 때 하늘에 걸친 가느다란 띠처럼 보이지만 망원경으로 보면 수많은 별의 집합임을 알 수 있다. 여기 분포되어 있는 별들을 일일이 분석해 보면 은하수의 띠를 따라서 별의 밀도가 거의 균일하게 나타나고 그 위와 아래쪽으로 갈수록 밀도가 대칭적으로 감소한다. 또한 하늘에서 임의의 방향과 그 반대방향을 바라보면 별의 밀도가 거의 같다. 캅테인은 근 20년 동안 하늘의 지도를 제작하면서 우리 태양계가 우주 중심의 1% 이내에 위치하고 있다는 결론을 내렸다. 완전한 중심은 아니지만 이 정도면 '우주적 우월감'을 느끼기에 충분했다.

그러나 우주는 지구인의 자만심을 결코 내버려 두지 않았다.

당시에는 캅테인을 비롯한 대부분의 사람이 전혀 모르고 있었지만 은하수는 그 뒤에 있는 천체를 우리의 시야에서 가리고 있다. 은하수에는 거대한 가스구름과 다량의 먼지가 섞여 있기 때문에 그 뒤에 있는 천체에서 지구 쪽으로 방출된 빛의 대부분을 흡수해 버린다. 지구에서 바라보았을 때, 우리의 가시영역에 있는 별의 99% 이상이 은하수의 구름에 가려 보이지 않는다. 이런 상황에서 지구가 우주 중심의 근처에 있다고 주장하는 것은 나무가 빽빽하게 들어서 있는 밀림 속에서 몇 걸음 걸어간 후 "나무의 수가 모든 방향에서 거의 같으므로 나는 숲의 중심에 도달했다"고 주장하는 것과 비슷하다.

1920년대에(이때만 해도 빛의 흡수문제는 물리적으로 규명되지 않고 있었다) 하버드대학교 천문관측소장을 지냈던 할로 새플리Harlow Shapley는 은하수에서 구상성단globular cluster의 분포를 집중적으로 관측하였다. 구상성단은 수백만 개의 별이 구형으로 밀집되어 있는 천체로서 빛의 흡수가 크게 일어나지 않는 은하수의 위나 아래쪽에서 쉽게 찾을 수 있다. 새플리는 이러한 거대성단의 위치로부터 우주의 중심을 추정할 수 있다고 생각했다. 결국 질량의 밀도가 가장 높고 중력이 가장 강하게 작용하는 곳이 우주의 중심일 것이다. 새플리가 얻은 관측자료에 의하면 태양계는 구상성단들이 집중적으로 분포되어 있는 곳에서 멀리 떨어져 있다. 즉 지구는 (관측 가능한) 우주의 중심에서 한참 벗어나 있는 것이다. 그렇다면 이 특별한 장소는 대체 어디쯤 있을까? 새플리의 계산에 의하면 지구에서 궁수자리Sagittarius 방향으로 6만 광년 떨어진 곳에 은하수의 중심이 자리 잡고 있다.

오늘날 새플리의 예측은 실제보다 두 배 큰 것으로 판명되었지만 구상성단의 중심은 정확하게 들어맞았다. 새플리가 예측한 구상성단의 중심은 나중에 발견된 초강력 전파의 진원지와 거의 정확하게 일치한다(전파의 강도는 가스와 먼지층을 지나면서 감소한다). 결국 천문학자들은 관측결과를 종합-분석한 끝에 전파의 진원지가 은하수의 중심이라는 결론을 내리게 되었지만 이렇게 되기까지 "눈에 보이는 것이 전부가 아니다"라는 교훈을 한두 차례 더 곱씹어야 했다.

이로써 코페르니쿠스의 우주관은 또 한 차례 승리를 거두었다. 태양계는 우주의 중심이 아니라 아득하게 떨어진 변방에 불과했다. 그러나 인간의 자존심은 여기서 포기하지 않았다. "그래, 좋다. 지구는 우주의 중심이 아니다. 하지만 지구가 속해 있는 방대한 은하는 전체 우주를 형성한다. 따라서 우리는 여전히 '사건의 중심부'에서 살고 있는 셈이다."

미안하지만 이것도 대답은 '거짓'이다.

밤하늘에 떠 있는 대부분의 은하는 우주의 '섬'에 불과하다. 이 사실은 18세기 여러 학자에 의해 끊임없이 제기되어 왔는데 대표적인 인물로는 스웨덴의 철학자 에마누엘 스베덴보리Emanuel Swedenborg와 영국의 천문학자 토머스 라이트Thomas Wright, 그리고 독일의 철학자 이마누엘 칸트Immanuel Kant를 들 수 있다. 특히 라이트는 그의 저서 『우주의 원론The Original Theory of the Universe』(1750)에서 은하수처럼 별들이 밀집되어 있는 무한한 우주를 제안하였다.

우리의 눈에 보이는 우주공간은 수많은 별과 행성으로 가득 차 있다고 결론지을 수 있다……. 눈에 보이지 않는 머나먼 공간도 크게 다르지 않을 것이다. …… 하늘에서 발견되는 희미한 점들Cloudy Spots이 이와 같은 추측을 뒷받침하고 있다. 이들은 거리가 너무 멀어서 망원경으로 봐도 그 정체를 파악할 수 없지만, 우리가 알고 있는 우주의 경계 바깥에 존재하는 천체일 것으로 추정된다.(177쪽)

라이트가 말하는 '희미한 점들'이란 은하수의 위쪽과 아래쪽에서 볼 수 있는 아득히 먼 은하로서 보통 수천 억 개의 별로 이루어져 있다. 나머지 성운들은 크기가 상대적으로 작고 기체구름으로 덮여 있으며 주로 은하수의 내부에서 발견된다.

은하수가 우주공간을 표류하는 수많은 은하 중 하나에 불과하다는 것은 과학 역사상 가장 위대한 발견이라 할 수 있다. 물론 이 정도로는 우주의 방대함을 충분히 표현할 수 없지만 18세기만 해도 이것은 폭탄선언이나 다름없었다. 그러나 뭐니 뭐니 해도 우주에서 인간의 지위를 가장 비참하게 추락시킨 사람은 에드윈 허블이었다(그의 이름은 허블망원경으로 잘 알려져 있다. 그러나 허블망원경을 만든 사람은 허블이 아니다!). 1923년 10월 5일, 허블은 윌슨 산 천문대의 직경 100인치짜리 천체망원경(당시만 해도 전 세계에서 가장 성능이 좋은 망원경이었다)으로 가장 큰 성운 중 하나인 안드로메다은하를 관측하다가 충격적인 사실을 알게 되었다.

그는 안드로메다은하에서 엄청나게 밝은 빛을 발하는 별을 발견했다. 사실 이런 종류의 별은 훨씬 가까운 거리에서도 발견된 적이 있었고 지구로부터의 거리도 이미 알려져 있었다. 앞에서 말한 대로 일단 별의 종류가 결정되면 그 밝기는 오직 거리에 따라 좌우된다. 허블은 새로 발견된 별에 역제곱법칙을 적용하여 지구로부터의 거리를 계산했고 그 결과 안드로메다은하는 그 무렵까지 알려진 천체와는 비교가 안 될 정도로 먼 거리에 있는 것으로 판명되었다. 안드로메다는 그 자체가 수십 억 개의 별로 이루어진 하나의 은하로서 지구에서 약 200만 광년 떨어진 곳에 위치하고 있다. 이로써 지구는 우주의 중심이 아닐 뿐만 아니라 지구가 속해 있는 은하수조차도 유일한 은하가 아니었음이 만천하에 드러나게 되었다. 요즘 우리는 은하수가 우주 전역에 퍼져 있는 수십 억 개의 은하 중 하나에 불과하다는 사실을 잘 알고 있으며 이것 때문에 크게 실망하지도 않는다. 그러나 지구가 우주의 중심이라는 전통적 사고에서 간신히 벗어난 사람이라면 이보다 더한 충격을 찾기도 어려울 것이다.

은하수가 수없이 많은 은하 중 하나에 불과하다 해도, 우리가 살고 있는 곳이 우주의 중심일 수도 있지 않을까? 허블이 전 세계 일류에게 실망감을 안겨 주고 6년이 지난 후 그는 또 하나의 충격적인 발견을 이루어 냈다. 은하의 운동과 관련된 자료를 면밀히 분석해 보니 거의 모든 은하가 은하수로부터 일제히 멀어져 가고 있었던 것이다! 그리고 또 한 가지 특이한 것은 멀리 있는 천체일수록 멀어져 가는 속도도 더욱 빠르게 나타났다는 점이다.

결국 우리는 원하던 자리를 되찾았다. 우주는 팽창하고 있으며 우리가 있는 곳이 팽창의 중심이다. 과연 그럴까?

아니다. 우리는 또다시 바보가 되었다. 모든 것이 우리를 중심으로 멀어져 간다고 해서 우리가 중심에 있는 것은 아니다. 우주론은 1916년에 아인슈타인의 일반상대성이론(새로운 중력이론)이 발표되면서 본격적으로 발전하기 시작했다. 아인슈타인의 우주에서 시간과 공간으로 짠 직물fabric은 질량의 존재여부에 따라 특정한 곡률로 휘어진다. 그리고 시공간이 휘어지면 그에 대한 화답으로 질량(물체)이 움직인다. 이것이 바로 새로운 중력이론이 중력을 해석하는 방식이다. 일반상대성이론을 우주에 적용하면 모든 은하는 팽창하는 우주공간에 '무임승차하여' 공간과 함께 이동하고 있다는 결론이 나온다.

그렇다면 우주는 팽창의 중심이 따로 있는 것이 아니라, 어떤 은하에서 보더라도 자신을 제외한 모든 은하가 자신으로부터 멀어져 가고 있는 것처럼 보일 것이다. 결국 우리가 우주의 중심이라는 자만심은 또 한 번 치명타를 맞은 셈이다. 다른 시대, 다른 천체에 생명체가 살았다면 그들도 우리와 비슷한 경험을 했을 것이다.

그러나 누가 뭐라 해도 우리가 느낄 수 있는 우주는 단 하나뿐이다. 바로 이 하나뿐인 우주에서 우리는 행복한 망상에 빠져 있다. 그런데 물리법칙 몇 개를 극한까지(또는 그 이상으로) 확장시키면 시공간이 양자적 요동으로 극단적인 혼란을 겪으면서 작고, 무겁고, 뜨거운 우주가 생성될 수도 있다. 이런 가능성을 허용한다면 우리의 우주는 유일한 존재가 아니다. 우주의 중심에서 마지못해 밀려나면서 "그래도 우리의 은하는 우주의 중심이다"라고 믿었다가 그마저 포기하고, 우주가 우리를 중심으로 팽창하는가 싶더니 그것도 아니라 하고, 이제는 믿었던 우주마저 유일하지 않다고 하니 인간의 입지는 더 이상 의지할 곳이 없을 정도로 좁아진 것 같다. 교황 바오로 3세가 살아 있다면 이 상황에서 무슨 말을 했을까?

천문학이 발전하면서 인간의 자존심은 구길 대로 구겨졌지만 우리가 볼 수 있는 우주는 확실히 넓어졌다. 허블은 1936년에 출판된 저서 『성운의 왕국 Realm of the Nebulae』에서 당시의 상황을 다음과 같이 요약하였다. 이 글은 앞으로 인간의 입자가 더욱 좁아져도 여전히 유용할 것이다.

이리하여 우리의 우주탐험은 불확실성으로 끝맺게 된다……. 우리는 가까운 주변에 대하여 제법 많은 것을 알고 있지만 거리가 멀어질수록 지식은 급속하게 줄어든다. 이런 식으로 나가다 보면 결국 희미한 경계 — 망원경으로 볼 수 없는 한계점에 이르게 된다. 그곳에서 우리는 그림자를 관측하고 온갖 실수를 범하면서 비현실적인 경계선을 그려 나갈 것이다.(201쪽)

독자들은 지금까지 펼쳐진 마음의 여행에서 무엇을 느꼈는가? 인간은 감정적으로 나약하고 현혹되기 쉬우며 아는 것이 거의 없는 우주의 한 점에 불과하다.

그럼…… 오늘도 좋은 하루!

제 4 장

정보의 덫

대부분의 사람은 정보가 많을수록 더 깊이 이해할 수 있다고 생각하는 경향이 있다. 어느 정도까지는 맞는 말이다. 방 건너편에서 이 책을 바라본다면 책이라는 사실은 알 수 있겠지만 내용을 읽을 수는 없다. 가까이 다가오면 글이 보이기 시작할 텐데 아주 가까이 다가와 종이 위에 코를 갖다 댄다고 해서 내용이 더 잘 이해될 리는 없다. 이 정도로 가까워지면 문자마다 잉크가 번진 상태를 볼 수는 있겠지만 단어와 문장, 구절 등 복합적인 정보는 포기해야 한다. 이 상황은 '장님 코끼리 만지기'라는 우화에 잘 표현되어 있다. 다리를 만지면 기둥 같고 귀를 만지면 부드러운 천 같고, 코를 만지면 기다란 호스 같고, 꼬리를 만지면 노끈처럼 느껴지지만 그 누구도 코끼리의 전체적인 형상은 그릴 수 없다.

과학적 연구를 수행하는 사람들은 가까이 접근해야 할 때와 뒤로 물러나서 전체를 조망해야 할 때를 잘 구별해야 한다. 경우에 따라서는 근사적인 서술이 이해를 도울 수도 있고 상황을 지나치게 단순화하여 정보를 잃어버릴 수도 있다. 또한 상황이 복잡해지는 것은 문제 자체의 특성일 수도 있지만 정도가 지나치면 전체적인 그림을 망쳐 버릴 수도 있다. 예를 들어 다양한 온도와 압력 하에서 분자로 이루어진 집합체의 전체적인 특성을 알고자 할 때 개개의 분자를 분석하는 것은 별로 좋은 방법이 아니다. 앞으로 3부에서 언급하겠지만 단일입자에는 온도라는 개념이 적용되지 않는다. 온도란 계를 이루는 모든 분자의 평균적인 특성을 나타내는 통계적 물리량이기 때문이다. 그러나 생화학에서는 각 분자 간의 상호작용을 규명해야 다음 단계로 넘어갈 수 있다.

그렇다면 관측이나 측정은 어느 정도로 세밀하게 수행되어야 하는가?

현재 뉴욕 요크타운 하이트의 IBM 토머스 왓슨연구소Thomas J. Watson Research Center와 예일대학교에서 연구를 수행중인 수학자 베노이트 만델브로트Benoit B. Mandelbrot 는 1967년에 과학잡지 『사이언스Science』를 통해 다음과 같은 질문을 제기하였다. "영국 해안선의 길이는 얼마인가?" 여러분은 질문이 간단하므로 답도 간단하다고 생각할 것이다. 그러나 막상 정확한 답을 추적하다 보면 도저히 헤어날 수 없는 미궁에 빠지게 된다.

영국의 해안선은 지난 수백 년 동안 탐험가들과 혼돈이론학자들cartographers에 의해 여러 차례에 걸쳐 측정되었다. 초기에 제작된 지도는 마치 쥐가 먹다 남긴 빈대떡처럼 해안선만 덩그러니 그려져 있었지만 요즘은 위성측량을 통해 정밀한 지도를 제작할 수 있게 되었다. 그러나 만델브로트의 질문에 답을 구하기 위해 위성을 호출할 필요는 없다. 그저 간단한 지도와 한 꾸러미의 실만 있으면 된다. 더넷 헤드 Dunnet Head에서 리자드 포인트Lizard Point까지 해안선을 따라 실을 늘 어뜨린 후 모든 해안선이 커버되면 실을 가위로 절단한다. 그 다음 자른 실을 곧게 펴서 지도에 나와 있는 자(축척)와 비교하면 해안선의 길이가 곧바로 얻어진다. 숙제 끝~! 이것으로 영국 해안선의 길이측정은 성공적으로 끝났다.

글쎄 과연 그럴까? 결과가 얼마나 정확한지 확인하기 위해 1마일이 2.5인치로 표시된 군사용 지도를 사용해 보자(약 25,000:1). 이 정도 축척이면 일반 지도에 나와 있지 않은 굴곡까지 자세하게 나와 있을 것이므로 아까보다 실이 훨씬 많이 소모된다. 각 굴곡의 크기는 작지만 그 수가 워낙 많기 때문이다. 이 작업이 끝나고 나면 아마도 실의 길이는 아까보다 몇 배 이상 길어졌을 것이다(물론 축척이 커졌으므로 실이 많이 소모되는 것은 당연하다. 그러나 축척이 10배로 커지면 실은 20~30배 이상 소모된다).

둘 중 어느 쪽이 정답에 가까운가? 자세한 지도를 사용할수록 정답에 가까워질 것이다. 바닷가에 놓여 있는 모든 바위나 돌멩이까지 해안선으로 간주하여 그 테두리를 일일이 측정한다면 아주 정확한 해안선의 길이가 얻어질 것이다. 그러나 지도제작을 위해 측량을 실시할 때에는 지브롤터Gibraltar(스페인 남단의 항구도시: 옮긴이)보다 작은 바위를 무시하는 것이 보통이다. 따라서 정말로 해안선을 측정하고자 한다면 아주 긴 실타래를 들고 해안선을 따라 걸어가는 것이 제일 좋다. 가는 길에 돌출부나 움푹 패인 곳 또는 갈라진 틈이 나타날 때마다 실로 그 테두리를 따라가면 된다. 그러나 조그만 돌멩이나 모래사장 사이로 흐르는 작은 개울 등은 무시할 수밖에 없다.

물론 측량은 정확할수록 좋다. 그러나 세세한 돌출부나 움푹 들어간 곳까지 일일이 따라가다 보면 측량 값은 대책 없이 커진다. 그렇다면 대체 어느 선에서 끝내야 하는가? 극단적인 예로 해안선을 이루는 모든 분자와 원자, 소립자 등의 테두리까지 해안선으로 간주한다면 전체 해안선의 길이는 무한대가 될 것인가? 그렇지는 않다. 만델브로트에게 물어본다면 "결정할 수 없다indefinable"고 대답할 것이다. 사실 이 문제는 다른 차원에서 생각해 볼 수도 있다. 해안선을 '1차원적 길이'의 개념으로 간주하는 것은 지나치게 제한적인 생각일지도 모른다.

만델브로트의 문제는 수학의 새로운 분야인 '분수차원fractional dimension' 또는 '프랙털 차원fractal dimension'을 탄생시켰다(프랙털은 '깨지다, 분열되다'는 뜻의 라틴어 fractus에서 유래되었다). 고전 유클리드기하학에서 차원은 1, 2, 3 등 정수 값을 갖지만 프랙털 차원은 분수가 될 수도 있다. 만델브로트는 "일상적인 차원개념은 너무 단순하여 해안선의 복잡성을 표현할 수 없다"고 주장했다. 프랙털은 다양한 스케일에서 동일한 패턴이 반복되는 '자기닮음패턴self – similar pattern'을 표현하는 데 가장 적합한 개념이다. 브로콜리나 양치류 식물의 잎, 눈의 결정 등은 자연에서 발견되는 자기닮음도형의 대표적인 사례이다. 그러나 거시적인 규모의 패턴이 더 작은 규모에서 완전히 동일하게 반복되는 이상적인 도형은 자연에 존재하지 않으며 오직 컴퓨터 상에서만 가능하다.

방금 말한 대로 프랙털 도형을 계속 확대해 나가면 동일한 패턴이 계속해서 나타나기 때문에, 이 과정에서 새로운 정보를 얻을 수는 없다. 그러나 사람의 몸을 계속 확대해 나가면 엄청나게 복잡한 세포에 도달하게 되는데 하나의 세포는 거시적인 육체와 전혀 다른 방식으로 운영되고 있기 때문에 다량의 새로운 정보를 얻을 수 있다. 사람의 몸에는 세포를 경계로 하여 완전히 다른 세계가 존재하는 셈이다.

우리가 살고 있는 지구는 어떤가? 2,600년 전에 만들어진 바빌로니아의 점토판에는 지구가 '바다로 둘러싸인 둥그런 평면(디스크)'으로 묘사되어 있다. 사실 넓은 평원(예를 들면 티그리스 강과 유프라테스 강의 계곡)의 한복판에 서서 사방을 둘러보면 이 세상은 정말로 둥그런 평면처럼 보인다.

그러나 고대 그리스인들(피타고라스와 헤로도토스 등)은 지구평면설에 이의를 제기하며 지구가 구형일지도 모른다는 일말의 가능성을 조심스럽게 제기하였다. 기원전 4세기경에 모든 지식을 체계화했던 위대한 철학자 아리스토텔레스는 지구가 구형임을 입증하는 증거들을 수집하여 체계적으로 정리하였는데 그중에는 월식도 포함되어 있었다. 달이 지구의 주변을 공전하다가 달-지구-태양의 순으로 정렬되면 지구의 그림자가 달표면에 드리워지면서 달의 모습이 시야에서 사라진다. 아리스토텔레스는 수십 년 동안 월식을 관측한 끝에 달에 드리워지는 지구의 그림자가 원형이므로 지구는 평면이 아니라 구형이라는 결론을 내렸다. 사실 지구가 평평한 원형이어도 달에 드리우는 그림자를 설명할 수는 있다. 그러나 지구가 정말로 디스크 모양이라면 달에 드리우는 그림자는 가끔씩 타원형이거나 아예 일직선으로 나타나는 경우도 있어야 한다. 그런데 오랜 세월 동안 일어났던 그 모든 월식에서 그림자는 항상 원형으로 나타났으므로 "지구는 모든 각도에서 바라봐도 항상 원형이며, 따라서 전체적인 형태는 구형이어야 한다"고 생각했던 것이다.

이 정도면 사람들을 설득하는 데 부족함이 없는 것 같다. 그렇다면 과연 그로부터 수백 년 이내에 구형 지구를 기반으로 하는 지도가 제작되었을까? 천만의 말씀이다. 구형 지구본이 처음 제작된 것은 유럽에 항해술과 식민지개척의 바람이 불기 직전인 1490년에서 1492년경이었다.

사람들을 설득하는데 꽤 오랜 세월이 소요되긴 했지만, 어쨌거나 지구는 구형으로 판명되었다. 그러나 과거에도 항상 그래왔듯이 자연을 자세히 파고들다 보면 의외의 복병이 숨어 있기 마련이다. 뉴턴은 1687년에 출판된 『프린키피아 Principia』에서 "지구는 자전하고 있기 때문에 원심력에 의해 내용물이 바깥쪽으로 쏠리는 경향을 보인다. 따라서 지구는 자전축을 기준으로 좌-우 지름이 위-아래 지름보다 조금 길다"고 주장하였다. 다시 말해서 구형은 구형인데 위-아래로 '조금 납작한' 구형이라는 것이다. 그로부터 반세기가 지난 후 프랑스 과학학술원은 지구의 가로지름과 세로지름을 측정하기 위해 두 팀의 탐험대를 파견하였다. 이들은 각각 위도 1°와 경도 1°에 해당하는 거리를 측량하여 서로 비교하였는데 결국 위도를 따라 측정한 거리(경도 1°에 해당하는 거리)가 조금 더 긴 것으로 판명되었다. 지구가 위-아래로 조금 납작하다는 뉴턴의 예측이 사실로 입증된 것이다.

지구의 자전속도가 빠를수록 일그러진 정도는 더욱 크게 나타날 것이다. 태양계에서 가장 큰 행성인 목성은 한 번 자전하는데 지구시간으로 10시간이 걸린다. 이 정도면 자전속도가 매우 빠른 편이다. 목성의 좌-우 직경은 위-아래 직경보다 무려 7%나 길다. 지구는 크기도 작고 자전속도도 상대적으로 느려서(하루＝24시간) 가로와 세로의 차이가 0.3%에 불과하다(지구의 직경은 약 12,740km이므로 이 차이는 대략 38km이다).

정도가 미미하긴 하지만 어쨌거나 지구는 계란형이므로 적도 근처의 해변가에 서 있을 때 지구 중심으로부터의 거리가 가장 멀다. 여기서 더 멀리 가고 싶다면 에콰도르에 있는 침보라소 산Mt. Chimborazo의 정상에 오르면 된다. 침보라소 산은 해발 6,267m에 불과하지만 지구 중심으로부터의 거리는 에베레스트 산 정상보다 2km 이상 멀다.

과학자들이 우주공간에 위성을 띄우기 시작하면서 상황은 더욱 복잡해졌다. 1958년에 발사된 뱅가드 1호Vanguard 1 위성이 보내온 자료에 의하면 적도의 북쪽보다 남쪽이 더 불룩하게 튀어나와 있으며 남극점이 북극점보다 지구의 중심에서 더 먼 거리에 있다. 다시 말해서 지구는 서양배pear처럼 생겼다는 뜻이다.

또 한 가지 당혹스러운 것은 지구의 모양이 수시로 변한다는 점이다. 지구표면의 상당부분은 바다로 덮여 있는데 달의 인력에 의해 조수현상이 일어나면서 외형이 조금씩 변하는 것이다(미미하긴 하지만 태양의 인력도 여기에 한몫 거들고 있다). 조석력은 바닷물의 분포를 변화시켜서 지구표면을 계란형으로 만든다. 이것은 삼척동자도 알고 있는 사실이다. 그러나 조석력은 단단한 지구에도 영향을 미쳐서 적도반경이 매일 또는 매월 달라지는 원인이 되기도 한다. 이 현상은 바닷물의 이동 및 달의 위상과 밀접하게 관련되어 있다.

따라서 지구는 서양배처럼 생겼으면서 위-아래로 납작한 회전타원체이다.

앞으로 더욱 정밀한 측량법이 개발되면 무언가가 또 달라질 것인가? 지구 외형의 보정작업은 과연 끝없이 계속될 것인가? 그럴 것 같지는 않다. 미국과 독일은 2002년에 우주계획 GRACE Gravity Recovery and Climate Experiment 를 공동으로 추진하면서 지구표면의 지오이드 geoid 를 측정하는 한 쌍의 위성을 쏘아 올렸다. 지오이드란 해류나 조수, 날씨 등의 영향을 무시했을 때 나타나는 지구의 평균 해수면과 그 연장선으로 이루어진 상상의 면으로서 지구 상의 모든 지점에서 중력은 지오이드면에 수직 방향으로 작용한다. 즉 지오이드는 지구의 일그러진 형태와 표면밀도를 모두 고려하여 만들어진 '진정한 수평면'인 셈이다. 목수들과 측량사들 그리고 수도관을 설계하는 공학자들은 지오이드로 설정된 수평면의 기준을 따를 수밖에 없다.

지구의 공전궤도도 자세히 파고 들어가면 복잡한 문제들이 도처에 도사리고 있다. 공전궤도는 1차원이 아니며, 2차원이나 3차원도 아니다. 지구의 공전은 시간과 공간이 동시에 개입된 다중차원 세계에서 진행되고 있다. 아리스토텔레스는 지구와 태양 그리고 모든 별이 투명한 천구 celestial sphere (天球)에 박혀 있으며 지구를 중심으로 천구가 회전하고 있다고 생각했다. 그밖에 또 어떤 아이디어가 필요했겠는가? 지구가 우주의 중심이라는 것은 고대인들에게 너무도 당연한 상식이었다. 그리고 천체의 움직임은 천구의 회전에 의해 나타나는 현상이므로 그들의 궤적은 당연히 원으로 간주되었다.

이 오래된 믿음에 최초로 반기를 들고 나선 사람은 니콜라스 코페르니쿠스였다. 그는 1543년에 발표한 대작 『천구의 회전에 관하여 De Revolutionibus Orbium Coelestium』에서 우주의 중심에 지구가 아닌 태양을 갖다 놓음으로써 세상을 놀라게 했다. 그러나 코페르니쿠스는 행성의 공전궤도가 완벽한 원이라는데 이견을 달지 않았다. 그로부터 반세기가 지난 후, 독일의 천문학자 요하네스 케플러 Johannes Kepler 는 행성의 운동에 관한 세 가지 법칙을 발견하였는데(이것은 과학 역사상 '예견 가능한 방정식'의 형태로 표현된 최초의 법칙이었다), 그중 첫 번째 법칙은 행성의 공전궤도가 원이 아닌 타원임을 지적하고 있다.

우리의 논의는 지금부터 본격적으로 시작된다.

우선 지구와 달로 이루어진 간단한 계부터 생각해 보자. 두 개의 천체는 공동의 질량중심점을 두고 서로에 대하여 공전하고 있으며 질량중심은 지구의 표면에서 달 쪽으로 약 1,600km 떨어진 곳에 위치하고 있다. 그러므로 케플러의 법칙에 따라 태양을 중심으로 타원운동을 하는 주체는 지구나 달이 아니라 이들의 질량중심이다. 그렇다면 지구는 어떤 궤도를 그리는가? 달의 위상에 따라 1년에 13번씩 공중제비를 돌면서 전체적으로는 타원궤적을 따라가고 있다.

그러나 서로 상대방을 잡아당기고 있는 것은 지구와 달 뿐만이 아니다. 태양계를 이루는 모든 행성(그리고 그들의 위성)도 나름대로 중력을 행사하고 있다. 간단히 말해서 모든 천체가 자신을 제외한 모든 천체를 자신이 있는 쪽으로 잡아당기고 있는 것이다. 독자들도 짐작하겠지만 이것은 엄청나게 복잡한 상황이어서 수학적으로 다루기가 결코 쉽지 않다(자세한 설명은 3부로 미룬다). 또한 지구와 달이 태양 주변을 돌 때마다 타원궤도가 조금씩 이동하고 있으며, 그 와중에 달은 나선궤적을 그리면서 매년 3~5cm씩 지구로부터 멀어져 가고 있다. 게다가 태양계에는 궤적이 거의 무질서한 천체도 있다.

이와 같이 태양계의 모든 천체는 중력으로 짜인 안무에 따라 복잡한 발레를 추고 있다. 아마도 이 공연을 이해하면서 즐길 수 있는 존재는 컴퓨터밖에 없을 것이다. 우리는 하나의 고립된 물체가 원운동을 하고 있는 단순한 그림에서 출발하여 이토록 복잡한 태양계에 이르렀다. 앞으로 또 얼마나 복잡한 현상이 나타나서 우리를 놀라게 할지 아무도 알 수 없다.

과학이 진보하는 방식은 이론으로부터 데이터가 얻어지는지 또는 데이터로부터 이론이 만들어지는지에 따라 달라진다. 이론은 우리에게 가야할 길의 대략적인 방향을 가르쳐 준다. 운이 좋으면 길을 찾을 수도 있지만 경우에 따라서는 그렇지 않을 수도 있다. 길을 제대로 찾았다면 그 다음 질문으로 넘어가면 된다. 이론은 없고 관측도구만 갖고 있다면, 이를 이용하여 가능한 한 많은 데이터를 수집하는 것이 좋다. 데이터가 쌓이다 보면 모종의 법칙을 암시하는 패턴이 드러날 수도 있기 때문이다. 그러나 목적지에 도달하여 전체를 조망하기 전에는 어둠 속에서 이리저리 찔러보는 행위를 반복할 수밖에 없다.

만일 누군가가 "코페르니쿠스는 틀렸다. 그는 행성의 궤도가 원이라고 했지만 사실은 타원이다"라고 주장한다면 그는 핵심을 잘못짚고 있는 것이다. 코페르니쿠스의 핵심은 "태양이 지구의 주변을 도는 것이 아니라 행성이 태양의 주변을 돌고 있다"는 것이었다. 그 이후로 천문학자들은 지동설에 입각한 태양계모형을 꾸준히 수정하여 지금에 이르렀다. 물론 코페르니쿠스가 완전히 옳았다고는 할 수 없지만 적어도 그는 올바른 길을 알고 있었다. 그렇다면 여기서 또 하나의 질문이 떠오른다. "가까이 다가가야 할 때는 언제이며 뒤로 물러서야 할 때는 언제인가?"

어느 서늘한 가을날, 당신은 한적한 대로를 산책하고 있다. 그리고 당신이 있는 곳에서 한 블록 떨어진 거리에는 진한 푸른색 옷을 입은 은발의 신사가 걸어가고 있다. 만일 그가 왼손에 팔찌를 차고 있다 해도 당신의 눈에는 거의 보이지 않을 것이다. 발걸음을 재촉하여 그와의 거리를 10m 쯤으로 좁히면 그의 손가락에 끼워진 반지가 보일 수도 있다. 그러나 이 정도의 거리에서 보석의 종류나 표면의 가공상태를 알 수는 없다. 굳이 알고 싶다면 돋보기를 들고 그의 곁으로 다가가야 한다. 다행히 그가 인자하고 이해심 많은 사람이라면 보석의 종류는 물론이고 그의 출신학교와 최종학력, 졸업연도 심지어는 그가 다닌 학교의 문장까지도 알아낼 수 있다. "가까이 다가가면 더 많은 정보를 얻을 수 있다"는 가정이 먹혀들어 간 것이다.

신사와 헤어진 당신은 집으로 돌아오는 길에 잠시 미술관에 들러 그림을 감상하기로 했다. 때마침 미술관에는 19세기 말 프랑스에서 유행

했던 점묘화(점으로 그린 그림: 옮긴이)가 전시되어 있었다. 3m 거리에서 그림을 보니 중절모를 쓴 남자와 긴 치마를 입고 대화를 나누는 귀부인, 아이들, 강아지, 반짝이는 물 등 모든 것이 뚜렷하게 잘 보인다. 그런데 이 그림을 가까이 다가가서 보면 수천, 수만 개의 점만 보일 뿐 아까 보았던 형상들은 사라져 버린다. 캔버스에 코를 대고 바라보면 점들의 복잡한 배열과 작가의 환상적인 테크닉이 느껴질 뿐 대체 무엇을 그렸는지 알 수가 없다. 그림을 제대로 감상하려면 멀리 떨어져서 바라봐야 한다. 이것은 산책로에서 은발의 신사를 만났을 때와 정반대의 경우로서 원하는 정보를 얻으려면 적당한 거리를 유지해야 한다.

자연을 관찰할 때에는 어떤 식으로 접근해야 할까? 방금 언급한 두 가지 방법이 모두 동원되어야 한다. 과학자들은 자연현상을 가까운 곳에서 바라보려고 애를 쓰기도 하고 동물이나 식물 또는 별 등을 먼 거리에서 바라보며 전체적인 상황을 조망하기도 한다. 그런데 두 가지 방법이 모두 애매한 경우도 있다. 가까이 다가가서 많은 데이터를 손에 넣었지만 이들 중 상당수가 오히려 대상을 분석하는 데 방해가 되기도 한다. 이럴 때 뒤로 물러서면 혼란은 가라앉지만 정작 필요한 데이터를 얻으려면 또다시 앞으로 다가가야 한다. 그리고 데이터를 설명하기 위해 어떤 가설을 세울 때마다 사방에서 부작용이 나타나서 끊임없이 수정을 가해야 한다. 이런 경우에는 데이터를 분석하는 데 수년 또는 수십 년이 걸릴 수도 있다. 토성의 고리를 발견한 것이 그 대표적인 사례이다.

지구는 생명체가 살아가기에 더 없이 좋은 환경이다. 그래서 1609년에 갈릴레오가 망원경을 하늘로 향하기 전까지는 어느 누구도 다른 천체의 표면과 구성성분, 기후 등에 관심을 갖지 않았다. 갈릴레오는 1610년에 토성을 관측하다가 이상한 광경을 목격했는데 당시에는 망원경의 성능이 형편없었으므로 토성의 좌, 우에 다른 천체가 따라다니는 것처럼 보였다. 갈릴레오는 최초 발견자의 영예가 도난 당하는 것을 방지하기 위해 자신의 관측결과를 아래와 같이 암호 같은 단어로 기록해 두었다.

smaismrmilmepoetaleumibunenugttauiras

라틴어로 만들어진 이 단어를 잘 분해해서 번역하면 다음과 같은 뜻이 된다. "나는 세 개의 물체로 이루어진 최상의 행성을 발견했다." 그 후 몇 년간 갈릴레오는 토성의 동반자를 집중적으로 관측했다. 그것들은 한때 토성의 귀처럼 보였다가, 때로는 아예 시야에서 사라져 버리기도 했다.

1656년에 네덜란드의 물리학자 크리스티안 하위헌스 Christiaan Huygens(네덜란드어 표기법 제정 이전에는 호이겐스라는 표기가 쓰였다)는 갈릴레오가 사용했던 것보다 해상도가 훨씬 높은 고성능 망원경으로 토성을 관측한 끝에 토성의 귀처럼 생긴 물체가 토성의 주변을 에워싸고 있는 '고리'라는 사실을 처음으로 알아냈다. 그는 갈릴레오가 했던 것처럼 자신의 발견을 암호로 기록해 놓았다가 3년 후에 출간된 저서 『Systema Saturnium』을 통해 토성에 고리가 있다는 사실을 세상에 공개하였다.

그로부터 20년 후 파리천문대의 소장이었던 조반니 카시니 Giovanni

Cassini는 토성의 고리가 두 개로 나뉘어 있음을 발견하여, 그 간격을 '카시니 간극Cassini division'이라고 명명했다. 그리고 다시 200년이 지난 후에 스코틀랜드의 물리학자 제임스 클러크 맥스웰James Clerk Maxwell은 토성의 고리가 단단한 고체가 아니라 토성의 주변궤도를 돌고 있는 작은 돌멩이의 집합이라는 사실을 최초로 발견하였다.

19세기 말경에 토성의 고리는 모두 일곱 개가 발견되어 A부터 G까지 이름을 붙였다. 그러나 실제로 토성의 고리는 수천 개에 달하고 각각의 고리를 자세히 들여다보면 그 안에 또 수천 개의 작은 고리가 형성되어 있다.

20세기 들어 우주공간으로 탐사선이 발사되면서 토성의 고리를 근거리에서 관측할 수 있게 되었다. 1979년에 발사된 파이어니어 11호와 1980년에 발사된 보이저 1호 그리고 1981년에 발사된 보이저 2호가 토성에 접근하여 고리를 분석한 결과 과학자들이 상상했던 것보다 훨씬 복잡한 구조임이 밝혀졌다. 예를 들어 어떤 고리에는 소위 말하는 '목자위성 shepherd moon'이 다른 입자에 중력을 행사하면서 마치 양치기가 양떼를 몰고 가듯이 토성의 주변을 공전하고 있는데 고리가 여러 겹으로 나뉜 것은 각 입자마다 중력이 다른 방향으로 작용하고 있기 때문이다.

토성의 고리는 수없이 많은 입자에 밀도파density wave와 궤도공명 그리고 중력이 복합적으로 작용하여 엄청나게 복잡한 계를 이루고 있다. 특히 카시니 우주선이 근거리에서 촬영하여 보내온 영상에는 B고리에 나 있는 바퀴 살 모양의 무늬(보이저호가 최초로 촬영하여 세상에 알려졌으며 토성의 자기장에 의한 효과인 것으로 추정된다)가 보이지 않는다. 그 사이에 어디론가 사라져 버린 것일까? 아니면 너무 가까이 접근하는 바람에 정보가 유실된 것일까?

토성의 고리는 어떤 성분으로 구성되어 있는가? 대부분은 물과 얼음이고 먼지도 일부 섞여 있는데 먼지의 성분은 토성의 가장 큰 위성과 비슷하다. 여러 가지 정황으로 미루어 볼 때 토성은 한때 여러 개의 위성을 갖고 있었던 것으로 추정된다. 이 위성들이 궤도를 벗어나 토성에 접근했다가 토성의 조석력 때문에 산산이 분해되어 지금의 고리에 흡수되었을 가능성이 높다.

그런데 고리를 갖고 있는 행성은 토성뿐만이 아니다. 태양계의 나머지 거대 가스행성인 목성과 천왕성 그리고 해왕성도 나름대로 고리를 갖고 있다. 그러나 토성의 고리와는 달리 이 행성들의 고리는 주로 암석이나 먼지 등 빛을 반사하지 않는 물질로 이루어져 있기 때문에 1970년대 말에서 1980년대 초에 와서야 발견되었다.

행성의 주변은 생명체에게 매우 위험한 공간이다. 앞으로 2부에서 언급하겠지만 긴 꼬리가 달린 혜성이나 잡석 더미를 닮은 소행성들이 우주의 방랑자처럼 수시로 행성을 스쳐 지나가고 있다. 그런데 행성에서부터 특정 거리 이내에서는 행성의 조석력이 이 방랑자들을 한데 묶어 놓는 중력보다 크다. 이 한계거리는 최초 발견자 에두아르 알베르 로슈Édouard Albert Roche의 이름을 따서 '로시한계Roche limit'라 불린다. 로시한계 이내로 접근한 혜성이나 소행성은 중력에 의해 산산이 분해되어 행성의 주변에 흩어지고 공전궤도를 따라 넓고 평평한 고리를 형성하게 된다. 토성의 고리는 이와 같은 과정을 거쳐 탄생한 것으로 추정된다.

최근 들어 나는 토성의 고리를 연구하는 동료에게서 놀라운 소식을 전해 들었다. 토성의 고리를 이루고 있는 입자들의 상태가 불안정하여 앞으로 1억 년 이내에 완전히 사라진다는 것이다. 인간의 입장에서 1억 년이면 아주 긴 시간 같지만 천문학적으로는 '눈 깜작할 새'에 불과하다. 내가 가장 좋아하는 행성이 지금의 모습을 잃는다니, 서운한 마음을 금할 길이 없다. 그러나 다행히도 행성과 위성 사이를 떠도는 먼지는 꾸준히 새로 유입되기 때문에, 토성의 고리를 유지하는 데는 별 문제가 없다고 한다. 토성의 고리는 우리 얼굴을 덮고 있는 피부처럼 구성입자가 사라진다 해도 그 모양을 유지할 것이다.

카시니 우주선이 토성의 고리를 근접촬영한 사진에는 또 하나의 새로운 뉴스가 담겨 있다. 콜로라도 보울더에 있는 우주과학연구소Space Science Institute의 영상처리팀 팀장이자 토성 고리 전문가인 캐럴린 포르코Carolyn C. Porco의 표현을 빌자면 '믿기 어려울 정도로 놀라운' 소식이다. 현재 관측된 토성 고리의 상태는 우리의 예상과 일치하지 않으며, 딱히 설명할 방법도 없다. 각 고리의 경계선이 매우 뚜렷하고 구성입자는 덩어리로 뭉쳐 있으며 카시니 간극은 먼지로 덮여 있는 반면에 A, B고리는 거의 순수한 얼음으로 이루어져 있다. 포르코와 그의 동료는 이 자료와 씨름하면서(그리고 과거의 깔끔했던 토성모형을 그리워하면서) 앞으로 몇 년을 보내게 될 것이다.

제 5 장

궁지에 몰린 과학

지난 1~2세기 동안 혁신적인 아이디어와 새로운 관측기술이 개발되면서 우리의 우주는 동경의 대상에서 '새로운 발견의 장'으로 변모해 왔다. 그러나 우리에게 아무런 기술이 없다면 어찌될 것인가? 우리에게 주어진 것이 달랑 막대기 하나뿐이라면 과연 그것으로 무엇을 알아낼 수 있을까? 믿어지지 않겠지만, 상당히 많은 사실을 알아낼 수 있다.

약간의 인내심을 발휘하면 막대 하나만으로 우주에서 지구의 위치를 알려 주는 상당량의 정보를 얻을 수 있다. 막대의 재질이나 색상은 아무래도 상관없다. 그저 곧은 막대이기만 하면 된다. 일단 수평선이 잘 보이는 곳에 자리를 잡고 막대의 끝 부분을 땅속에 박는다. 지금 당신은 원시적인 기술을 사용하고 있으므로 망치도 쇠망치가 아니라 돌멩이를 깎아서 만든 돌망치일 것이다. 무엇이건 상관없다. 그저 막대가 휘청거리지 않고 수직방향으로 서 있기만 하면 된다.

이것으로 당신의 원시실험실은 완성된 셈이다.

맑은 날 아침, 해가 떠오를 때 막대의 그림자를 확인한다. 처음에는 그림자가 아주 길었다가 태양의 고도가 높아지면서 차츰 짧아지고 태양이 남중culmination(南中)하면 그림자가 가장 짧아진다. 그 후 태양이 서쪽으로 지기 시작하면 그림자는 다시 길어질 것이다. 이때 매 시간마다 그림자의 끝이 그리는 궤적을 따라가 보면 시계의 시침을 바라보는 것 못지않게 흥미롭다(당신은 원시인임을 기억하라). 정오가 되어 그림자의 길이가 가장 짧아졌을 때 그림자의 방향은 북쪽이나 남쪽을 향하고 있을 것이다(북반구에서는 북쪽, 남반구에서는 남쪽을 향한다).

이것으로 당신은 초보적인 해시계를 확보한 셈이다. 막대를 '그노몬gnomon'이라고 부른다면 좀 더 학식 있는 사람처럼 보일 것이다(나는 '막대'라는 이름이 더 좋다). 인류의 문화가 시작된 북반구에서는 태양의 움직임에 따라 막대의 그림자가 시계방향으로 돌아간다. 시계바늘이 지금과 같이 '시계방향'으로 돌아가도록 만들어진 데에는 이와 같은 사연이 숨어 있다.

만일 당신이 초인적인 인내력을 갖고 있고, 1년 중 구름 낀 날이 단 하루도 없었다면 수평선에서 태양이 떠오르는 위치가 매일 조금씩 달라진다는 사실을 쉽게 알 수 있을 것이다. 그리고 1년 중 이틀은 일출 때 그림자의 방향과 일몰 때 그림자의 방향이 완전히 반대로 나타날 것이다. 이런 날에는 해가 정동에서 떠서 정서방향으로 지며 밤과 낮의 길이는 같아진다. 이날이 바로 춘분spring equinox과 추분이다fall equinox(equinox라는 단어는 '길이가 같은 밤'이라는 뜻의 라틴어에서 유래되었다). 춘분과 추분을 제외하면 태양은 1년 내내 수평선의 각기 다른 위치에서 떠오른다. "태양은 동쪽에서 떠서 서쪽으로 진다"는 격언을 남긴 사람은 아마도 하늘을 주의 깊게 바라보지 않았기 때문에 그런 말을 했을 것이다.

만일 당신이 북반구에서 태양의 일출 및 일몰지점을 1년 동안 추적하고 있다면 춘분을 지난 후에 이 점들이 동-서 라인에 대하여 북쪽으로 서서히 이동하다가 멈춘 후 다시 남쪽으로 이동하는 광경을 목격하게 될 것이다. 이 점은 다시 동-서 라인을 지나 남쪽으로 계속 이동하다가 잠시 멈춘 후 북쪽으로 이동하여 원래의 위치로 되돌아오는데 이와 같은 변화는 1년을 주기로 반복된다.

태양이 하늘에 그리는 궤적도 매일 조금씩 달라진다. 하지 summer solstice(라틴어로 '정지된 태양'이라는 뜻)가 되면 태양은 수평선에서 가장 북쪽으로 치우친 지점에서 나타나 가장 높은 고도까지 떠오른다. 그래서 하지는 1년 중 낮의 길이가 가장 길고 밤이 가장 짧은 날이다. 이와는 반대로 태양이 수평선을 따라 가장 남쪽으로 치우친 지점에서 떠오른 날은 하루 종일 태양의 고도가 가장 낮고 밤의 길이가 가장 길다. 이날을 뭐라고 불러야 할까? '동지 winter solstice'보다 더 적절한 이름을 찾기는 어려울 것이다.

지구표면의 60%와 사람의 몸의 75%는 태양광선을 수직으로 받는 날이 단 하루도 없다. 적도를 중심으로 약 5,100km 이내에 사는 사람들만이 '태양이 천정 zenith(天頂: 수직선과 천구가 만나는 점)에 떠 있는 광경'을 일 년에 단 두 번 볼 수 있을 뿐이다(북회귀선이나 남회귀선이 지나는 곳에 살고 있다면 일 년에 한 번 밖에 볼 수 없다). 태양이 동쪽에서 떴다가 서쪽으로 진다고 주장했던 사람은 아마도 "정오의 태양은 머리 위에서 빛난다"는 말도 했을 것 같다.

지금까지 당신은 초인적인 끈기와 막대 하나를 도구 삼아 동−서−남−북 네 개의 방위와 계절의 경계를 상징하는 네 개의 날짜를 결정하는 데 성공했다. 그 다음 과제는 하루 중 태양이 남중하는 시간과 그 다음날 남중하는 시간 사이의 간격을 측정하는 것이다. 초정밀시계가 있다면 도움이 되겠지만 당신은 원시인이므로 다른 방법을 찾아야 한다. 허리가 잘록한 유리통에 모래를 채우고 이리저리 뒤집으면서 시간을 측정하면 될 것 같다. 간단히 말해서 모래시계를 사용하면 된다. 방금 위에서 말한 시간간격은 태양이 지구 주변을 한 바퀴 도는데 걸리는 시간, 즉 1태양일 1 solar day에 해당된다. 이 시간을 일 년 동안 꾸준히 측정하여 평균을 내면 정확하게 24시간이라는 값이 얻어진다. 그러나 여기에는 달의 인력 때문에 지구의 자전이 느려지는 현상을 보정하기 위한 윤초 leap-second(閏秒)가 포함되어 있지 않다.

다시 막대로 되돌아가 보자. 아직 할 일이 남아 있다. 막대를 단단히 고정시키고 그 뒤쪽에서 하늘을 바라보면 막대의 끝이 하늘의 어딘가를 가리키고 있을 것이다. 어떤 특정한 별이 이 지점을 지날 때 모래시계를 작동시켜서 다음날 같은 별이 같은 지점을 지날 때까지 걸리는 시간을 측정한다. 이것이 바로 1항성일 1 sidereal day로서 23시간 56분 4초이다. 이와 같이 태양일과 항성일 사이에 약 4분 정도의 오차가 존재하기 때문에 태양의 배경이 되는 별자리가 매일 조금씩 이동하게 되는 것이다.

물론 태양이 떠 있는 낮 시간에는 배경 별자리를 볼 수 없다. 태양빛이 너무 밝아서 별빛이 문자 그대로 '무색해지기' 때문이다. 그러나

일출 직후나 일몰 직전, 태양 근처에 나타나는 별자리를 잘 기억해 두
고 있으면 매일 같은 시간에 태양의 위치가 조금씩 이동하는 것을 확
인할 수 있다.

모래시계와 막대를 잘 활용하면 또 다른 측정을 할 수 있다. 막대를
땅에 수직으로 세워 두고 매일 정오마다(이건 모래시계로 측정하면 된다)
막대의 그림자 끝의 위치를 기록한다. 이런 측정을 일 년 동안 계속하
면 그림자 끝의 궤적이 8자 비슷한 모양을 그리게 되는데 이 그림을
유식한 말로 '아날렘마analemma'라고 한다.

이런 그림이 얻어지는 이유는 무엇인가? 다들 알다시피 지구의 자전
축은 공전면에 대하여 23.5° 기울어져 있다. 이 때문에 계절의 변화가
생기고 태양이 (북반구에서) 남쪽으로 치우친 일주운동을 하며, 천구의
적도를 중심으로 태양이 오락가락하면서 1년을 주기로 8자모양의 궤
적을 그리게 된다. 뿐만 아니라 지구의 공전궤도는 완전한 원이 아니
다. 행성의 운동에 관한 케플러의 제2법칙에 의하면 지구가 태양에 가
까워질수록 공전속도가 빠르고 멀어질수록 공전속도는 느려진다. 그
러나 어떤 경우에도 지구의 자전속도는 거의 변하지 않기 때문에 매일
정오마다 태양은 정확하게 남중하지 않고 그 근처를 오락가락하게 되
는 것이다. 하루 단위로 보면 이동속도는 매우 느리지만 1년을 주기로
보면 남중지점에 14분 늦게 도달하는 날도 있고 그 반대로 16분 빨리
도달하는 날도 있다. 시계로 측정한 시간과 태양의 위치로 측정한 시
간이 일치하는 날은 1년에 단 4일 뿐인데(8자형 궤적은 수직선과 4번 만난
다) 정확한 날짜는 4월 15일, 6월 14일, 9월 2일, 12월 25일이다.

그 다음으로 당신과 막대를 복제하여 미리 정해 놓은 지평선 너머

남쪽 지점으로 파견한다. 당신과 당신의 쌍둥이는 같은 날 같은 시간에 막대의 그림자 길이를 측정하기로 약속했다. 만일 두 사람의 측정값이 같다면 '지구는 평평하다'고 자신 있게 주장할 수 있다. 그러나 측정값이 다르게 나오면 기하학을 이용하여 둥그런 지구의 둘레를 계산할 수 있다.

이 계산을 최초로 수행한 사람은 고대 키레네 Cyrene의 천문학자이자 수학자였던 에라토스테네스 Eratosthenes (B.C.276~194) 였다. 그는 이집트의 시에네 Syene (지금의 애스원지방. 북위 23.5°로서 북회귀선 상에 위치하고 있다 : 옮긴이)와 알렉산드리아 Alexandria에 세워 놓은 막대의 그림자 길이를 측정한 후 간단한 비례식을 이용하여 지구의 둘레를 계산하였는데(시에네와 알렉산드리아 사이의 거리는 약 5,000스타디아 stadia였다. 1스타디움 stadium = 약 185m), 그가 얻은 값은 약 46,000km로서 현재 알려진 값 (40,000km)과의 오차는 겨우 15%에 불과했다. 실제로 '기하학 geometry' 이라는 용어는 그리스어로 '지구측량'이라는 단어에서 유래되었다.

지금까지 당신은 막대와 모래시계를 벗 삼아 몇 년의 세월을 보냈지만 다음에 수행할 관측은 단 1분 만에 끝낼 수 있다. 우선 막대를 땅에 수직방향으로 단단하게 박는다. 그리고 적당한 크기의 돌멩이를 실의 한쪽 끝으로 묶고 다른 쪽 끝은 막대의 끝에 묶는다(단 실의 길이가 막대의 길이보다 짧아야 한다). 다 되었는가? 이것으로 당신은 단진자를 만드는 데 성공했다. 실의 길이를 측정한 후 돌멩이를 한쪽으로 잡아당겼다가 슬며시 놓으면 좌우로 왕복운동을 시작할 것이다. 이제 남은 일은 60초 동안 돌멩이가 왕복하는 횟수를 헤아리는 것이다.

당신이 얻은 값은 진자의 진폭(왕복하는 거리)과 거의 무관하고 돌멩이의 무게와는 아무런 관계도 없다. 주어진 시간동안 왕복횟수를 좌우하는 요인은 실의 길이와 당신이 살고 있는 행성의 중력뿐이다. 여기에 간단한 방정식을 적용하면 지구표면에서의 중력가속도를 계산할 수 있다. 중력가속도는 당신의 몸무게를 좌우하는 요인이기도 하다. 달의 중력은 지구의 $\frac{1}{6}$밖에 되지 않기 때문에 동일한 단진자를 달로 가져가면 추가 천천히 움직여서 1분당 진동횟수가 현저하게 줄어든다.

행성의 '맥박'을 측정하는 데에는 이보다 좋은 방법이 없다.

당신은 지구가 자전한다는 사실을 아직 증명하지 못했다. 지금까지는 태양과 별자리가 예측 가능한 경로를 따라 이동한다는 사실만을 확인했을 뿐이다. 이번에는 지구의 자전을 증명하는 실험을 해 보자. 우선 길이가 10m쯤 되는 길고 곧은 막대를 조금 기울여서 땅 위에 세운다. 그리고 실의 한쪽 끝에 돌멩이를 묶고 다른 쪽 끝은 막대의 끝에 묶어서 이전과 비슷한 단진자를 만든다. 이제 돌멩이를 한쪽으로 잡아당겼다가 슬며시 놓으면 아주 천천히 왕복운동을 시작한다.(실의 길이가 4배로 길어지면 한 번 왕복하는 데 걸리는 시간은 2배로 길어진다 : 옮긴이) 연결부위의 마찰이 작으면 단진자는 꽤 오랜 시간동안 작동할 것이다.

이때 단진자가 진동하는 방향을 끈기 있게 관찰하면 진동면(움직이는 돌멩이를 포함하는 평면)이 서서히 회전한다는 것을 알 수 있다. 인내력에 자신이 없다면 모든 실험장비를 들고 북극점으로 갈 것을 권한다. 북극점에서는 진동면의 회전속도가 가장 빠르기 때문에 금방 확인할 수 있다(남극으로 가도 된다). 실제로 북극(또는 남극)에서 이 실험을 수행하면 단진자의 진동면은 24시간 동안 완전히 한 바퀴를 돌게 된다. 이것이 바로 지구가 자전한다는 증거이다. 회전이 없는 북극점에서 단진자의 진동면이 하루에 한 바퀴 돌아갔으므로 지구는 하루에 한 바퀴씩 자전하고 있다. 지구 상의 다른 지점에서도 진동면은 회전하지만 적도에 가까울수록 회전속도가 느려지다가 적도에 이르면 회전이 전혀 일어나지 않는다. 이 실험은 천체의 일주운동이 지구의 자전 때문에 일어난다는 것을 보여 주는 확실한 증거이다. 또한 진동면이 한 바퀴 회전하는 데 걸리는 시간을 알고 있으면 삼각함수를 적절히 응용하여 현재 당신이 서 있는 지점의 위도를 알아낼 수도 있다.

이 실험을 최초로 수행한 사람은 프랑스의 물리학자 장 베르나르 레옹 푸코 Jean Bernard Léon Foucault 였다. 아마도 그는 값싼 도구로 이 사실을 증명한 처음이자 마지막 물리학자였을 것이다. 1851년에 푸코는 "지구의 자전을 보여 주기 위해" 동료를 파리의 판테온으로 초대하였다. 오늘날 푸코의 진자는 전 세계의 과학박물관에 단골메뉴로 전시되어 있다.

막대와 돌멩이 그리고 실과 모래시계만으로 이렇게 많은 사실을 알 수 있다면 우리의 선조도 이를 응용하여 구식 천문대를 건설하지 않았을까? 물론이다. 유럽과 아시아, 아프리카, 라틴아메리카 등지에는 거대한 바위로 이루어진 구조물이 아직도 남아 있는데 이것은 선사시대의 천문관측소이자, 신에게 제사를 드리는 제단이나 기타 문화행사를 개최하는 공공장소였던 것으로 추정된다.

예를 들어 하지 날 스톤헨지 Stonehenge (영국 월트셔의 솔즈베리 평원에 있는 선사시대의 거석주군 : 옮긴이)에 가면 여러 개의 동심원상에 놓여 있는 바위 중 일부가 떠오르는 태양과 일직선상에 놓이는 장관을 볼 수 있다. 다른 바위는 달의 출몰과 관련된 것으로 추정된다. 스톤헨지는 기원전 3100년경에 처음 축조되어 향후 2000년 동안 다양한 변화를 겪었는데 멀리 떨어진 곳에서 채굴된 거석을 솔즈베리 평원까지 운반한 방법도 커다란 수수께끼로 남아 있다. 80개가 넘는 거대한 사암기둥은 그 무게만도 하나당 수 톤에 달하며, 현재 위치에서 무려 380km나 떨어져 있는 프리셀리 산Mt. Preseli에서 캐온 것이다. 그리고 무게가 50톤에 달하는 사르센석sarsen stone(잉글랜드 중남부에서 볼 수 있는 사암 덩어리: 옮긴이)은 32km 떨어져 있는 말보로 고원Marlborough Downs에서 채굴되었다.

그동안 수많은 학자가 스톤헨지의 기능과 역사에 관하여 다양한 서적을 발표했는데 역사학자들은 고대인들의 천문학 지식과 무거운 물체의 운반능력에 감탄을 금치 못하고 있다. 상상력이 풍부한 일부 사람은 스톤헨지가 외계인에 의해 건설되었다고 주장하기도 한다.

고대 영국인들은 왜 가까운 곳에서 재료를 구하지 않고 굳이 먼 곳까지 가서 고생을 자초했을까? 정말로 미스터리가 아닐 수 없다. 그러나 돌을 다듬은 솜씨와 의미심장한 배열로 미루어 볼 때 그들은 매우 뛰어난 족속이었음이 분명하다. 스톤헨지는 그동안 여러 차례 수정이 가해졌는데 가장 중요한 보수공사는 수백 년 동안 진행된 것으로 추정된다. 이 초대형 공사를 사전에 설계하고 준비하는 데만도 수백 년의 세월이 소요되었을 것이다. 무언가를 건설하는데 500년의 세월이 걸렸다고 상상해 보라. 인류의 역사에서 이렇게 규모가 큰 공사는 찾아보기 어렵다. 그런데 스톤헨지에 함축되어 있는 천문학적 의미는 '막대를 이용한 측정'의 수준을 크게 넘지 않는다. 그럼에도 이토록 거대한 공사를 벌인 것을 보면 천문관측 이외에 다른 의미가 숨어 있을 가능성이 높다.

스톤헨지와 같은 고대 천문관측소는 현대인들에게 끊임없는 경외감을 불러일으키고 있다. 천문학을 전공하지 않은 일반인들은 태양과 달 또는 별의 움직임에 대해 아는 것이 별로 없기 때문이다. TV에서 가끔씩 이와 관련된 프로그램을 방영하고 있지만 대부분의 사람은 그런 것을 일일이 챙겨 볼 정도로 한가하지 않다. 그래서 거대한 바위들이 하늘의 별자리를 따라 배열되어 있는 광경을 보면 고대인들이 아인슈타인에 버금가는 천재로 여겨지곤 한다. 그러나 개중에는 하늘의 운영방식이 전통 속에 거의 배어 있지 않은 문화권도 있다. 내가 보기에 정말로 신기한 것은 바로 이러한 문화들이다.

2 부

자연에 관한 지식

우주의 구성성분을 발견하고 이해하기 위한 도전의 역사

제6장

태양의 중심에서
시작된 여행

우리는 하루 중 대부분의 시간을 빛에 의존한 채 살고 있다. 그러나 바쁜 와중에 잠시 일손을 멈추고 태양빛의 근원을 생각해 보는 사람은 거의 없을 것이다. 지금 이 순간에도 태양의 중심부에서 생성된 빛은 약 1억 5000만 km의 거리를 가로질러 지구 바닷가에서 일광욕을 즐기는 사람의 피부를 사정없이 때리고 있다. 빛은 1초당 30만 km를 진행할 수 있으므로 태양의 표면에서 방출된 빛이 지구에 도달할 때까지는 약 500초가 소요된다. 그러나 태양의 중심부에서 생성된 빛이 태양의 표면에 이르려면 무려 100만 년이나 걸린다.

보통 별의 내부온도는 1000만 도 정도인데, 태양의 내부는 1500만 도에 달한다. 이 고온상태에서 수소원자는 단 하나뿐인 전자를 잃어버리고 양성자가 되는데, 이동속도가 매우 빠르기 때문에 양성자들 사이에 작용하는 반발력을 이기고 서로 충돌하게 된다. 이 과정에서 수소원자H의 핵(양성자)이 열핵융합반응을 일으켜 헬륨원자He의 핵을 만들어 낸다. 태양의 내부에서 일어나는 과정은 (중간과정을 모두 생략하면) 다음과 같다.

$$4\text{H} \rightarrow \text{He} + \text{에너지}$$

태양의 내부에서 헬륨원자핵이 만들어질 때마다 '광자photon'라고 불리는 빛의 입자가 함께 생성되고 광자는 감마선(진동수가 가장 큰 빛으로, 가장 큰 에너지를 갖고 있다)이 될 때까지 에너지를 축적한다. 그 후 감마선이 된 빛은 빛의 속도로 머나먼 여행을 시작한다.

방해요인이 없으면 빛은 항상 직선으로 진행한다. 그러나 중간에 장애물이 있으면 빛은 산란되거나 잠시 장애물에 흡수되었다가 재방출되며 그 와중에 빛의 진행방향과 에너지에 변화가 생긴다. 실제로 태양의 내부에서 광자가 자유전자나 원자에 부딪히지 않고 직선으로 나아갈 수 있는 평균시간은 300억 분의 1초(1/30 나노 초)에 지나지 않는다. 다시 말해서 태양 내부의 광자는 평균 1cm를 진행할 때마다 전자 또는 원자와 충돌하고 있다는 뜻이다.

매번 충돌이 일어날 때마다 광자의 진행방향은 거의 무작위로 바뀐다. 바깥쪽을 향해 잘 나아가던 광자도 충돌이 일어나면 옆으로 방향을 틀거나 심지어는 왔던 길을 되돌아갈 수도 있다. 이렇게 정처 없이 떠도는 광자가 어떻게 태양을 탈출할 수 있을까? 술에 완전히 취한 사람이 가로등에서부터 비틀거리며 걸어가는 모습을 상상해 보라. 제아무리 갈지자걸음을 걸으며 제멋대로 나아간다고 해도 출발점으로 되돌아오는 일은 거의 없다. 무작위로 발걸음을 내딛을 때마다 가로등과의 거리는 서서히 멀어질 것이다.

술에 만취한 사람이 특정한 수의 걸음을 걸어갔을 때 출발점과 도착점 사이의 거리를 정확하게 알 수는 없지만, 걸음 수가 충분히 많은 경우에는 평균거리를 확률적으로 예견할 수 있다. 데이터를 분석해 보면 출발점과 도착점 사이의 평균거리가 걸음 수의 제곱근에 비례한다는 것을 알 수 있다. 예를 들어 여러 명의 취객이 갈지자걸음으로 100걸음씩 걸어갔다면 출발점과 도착점 사이의 평균거리는 평균보폭×10이다. 900걸음씩 걸어간 경우에는 평균보폭×30이 될 것이다.

태양 내부에서 광자의 평균보폭은 약 1cm로 간주할 수 있고 태양의 반지름은 약 700억 cm이므로 광자가 태양의 중심에서 표면까지 진행하려면 5×10^{21}걸음을 걸어야 한다. 그런데 위에서 말한 대로 한 걸음 진행하는 데 걸리는 시간은 300억 분의 1초이므로 중심에서 표면으로 나오는 데 약 5000년이 걸리는 셈이다. 그러나 실제의 태양은 질량분포가 균일하지 않다. 외부는 대부분 기체로 덮여 있지만 자체중력 때문에 중심부의 밀도는 매우 높다. 실제로 전체 질량의 90%가 반지름의 절반 이내에 밀집되어 있다. 뿐만 아니라 광자는 밖으로 진행하는 도중에 어딘가에 흡수되었다가 재방출되면서 추가시간이 발생한다. 이 모든 효과를 고려했을 때 태양의 중심부에서 생성된 광자가 표면에 도달하려면 무려 100만 년이나 소요된다! 만일 광자가 아무런 방해 없이 표면으로 직진한다면 단 2.3초 만에 도달할 것이다.

태양 내부의 광자가 커다란 저항을 극복하고 밖으로 간신히 탈출한다는 이론이 처음 제기된 것은 1920년대 초반이었다. 당시 영국의 천체물리학자 아서 스탠리 에딩턴 경Sir Arthur Stanley Eddington은 별의 내부구조를 선도적으로 연구하여 초보단계에 머물러 있던 천문학의 위상을 크게 높여 놓았다. 그는 양자역학이 탄생한 직후인 1926년에 별의 성분을 이론적으로 정리한 『별의 내부구조The Internal Constitution of the Stars』를 출판하여 학계의 비상한 관심을 끌었다(그러나 태양의 내부에서 핵융합반응이 일어나고 있다는 사실은 그로부터 12년이 지난 후에야 밝혀졌다). 입심 좋기로 유명한 에딩턴은 이 책의 서두에서 에테르파aether wave(광자를 의미함)에 대하여 다음과 같이 적어 놓았다.

별의 내부는 전자와 원자 그리고 에테르파로 난장판을 이루고 있다. 이들이 추고 있는 복잡한 춤을 이해하려면 가장 최신버전의 원자물리학을 도입해야 한다……. 우리는 어떻게 해서든 난장판을 이론적으로 설명해야 한다! 원자들은 1초당 사방 80km 거리로 흩어지면서 갖고 있던 전자를 잃어버리고, 원자에서 이탈된 전자는 새로운 안식처를 찾기 위해 이전보다 수백 배 빠른 속도로 돌아다닌다. 조심하라! 100억 분의 1초 간격으로 전자가 스쳐 지나가고 있다……. 그러다가 …… 전자는 새로운 원자에 들러붙으면서 자유로운 생을 마감하지만 이것도 잠시 뿐이다. 양자적 에테르파가 쳐들어오면 전자는 또다시 원자를 이탈하여 새로운 여행을 시작한다.(19쪽)

에딩턴은 이 문제를 끈질기게 물고 늘어진 끝에 태양에서 방출되는 성분은 에테르파 뿐이라는 결론을 내렸다.

우리는 이 광경을 바라보면서 스스로에게 묻는다. 과연 이것이 별의 일생을 보여 주는 장엄한 드라마인가? 마치 음악 공연장에 있는 회전 무대를 보는 것 같다. 원자물리학이 연출하는 요란한 코미디는 우리가 동경하는 심미적 이상향에 별 관심이 없다…… 원자와 전자는 수시로 위치만 바뀌고 있을 뿐 목적지가 없다. 그 속에서 무언가를 이루는 것은 에테르파 뿐이다. 언뜻 보기엔 아무런 목적 없이 돌아다니는 것 같지만, 이들은 아주 서서히 그리고 끈질기게 바깥을 향해 나아가고 있다.(19~20쪽)

태양 반지름의 바깥쪽 $\frac{1}{4}$에 해당하는 영역에서는 에너지가 격렬하게 흐르고 있는데 물이나 수프가 끓을 때처럼 뜨거운 물질의 방울은 위로 떠오르고 차가운 방울은 가라앉는다. 이때 광자가 차가운 방울을 자신의 주거지로 삼으면 태양의 중심을 향해 수천 km나 가라앉으면서 지난 수천 년 동안 진행해 왔던 '무작위 걷기'가 허사로 돌아간다. 그러나 뜨거운 방울에 편승하면 대류를 따라 표면을 향해 빠른 속도로 떠오르면서 외부로 탈출할 가능성이 높아진다.

감마선의 여행담은 이것이 전부가 아니다. 태양 중심부의 온도는 1500만 K이고 표면은 약 6,000K이므로 온도의 평균하강률은 1m당 0.01K이다. 태양의 내부에서 빛의 흡수 및 재방출이 일어날 때마다 에너지가 큰 감마선광자는 사라지고 그 대신 에너지가 작은 여러 개의 광자가 생성된다. 감마선의 이러한 희생 덕분에 태양은 감마선, X선, 자외선, 가시광선, 적외선 등 다양한 종류의 빛을 방출하고 있다. 하나의 감마선광자는 수천 개의 X선광자를 낳을 수 있고 하나의 X선광자는 또다시 수천 개의 가시광선광자를 낳을 수 있다. 다시 말해서 하나의 감마선광자가 무작위로 진행하여 표면에 도달하는 동안 수백만 개의 가시광선광자와 적외선광자가 생성될 수 있다는 뜻이다.

평균적으로 볼 때 태양에서 5억 개의 광자가 방출되면 그중 하나가 지구에 도달한다. 언뜻 듣기에는 엄청나게 적은 양 같지만, 태양과 지구 사이의 거리와 지구의 크기를 고려하면 그다지 놀라운 일도 아니다. 나머지 광자들은 지구가 아닌 다른 곳으로 진행한다.

태양의 표면은 기체로 뒤덮여 있기 때문에 어디까지가 태양이고 어디부터 우주공간인지 구별하기가 다소 모호하다. 그래서 과학자들은 무작위로 움직이는 광자가 마지막 걸음을 내딛고 우주공간으로 탈출하는 층을 표면으로 간주하는데 이것은 우리의 눈에 보이는 태양의 외곽선과 거의 비슷하다. 최외곽층에서 방출된 광자는 아무런 방해 없이 우주공간을 여행한 후 지구에 도달하여 온갖 생명체를 먹여 살리고 있다. 일반적으로 파장이 긴 빛은 태양의 내부층에서 생성되고 파장이 짧은 빛은 주로 외곽층에서 생성된다. 그래서 적외선을 이용하여 태양의 지름을 측정하면 가시광선으로 측정한 값보다 항상 작게 나온다. 책에 명시되어 있지 않더라도 태양의 크기는 가시광선으로 측정한 값을 표준으로 삼는다.

모든 감마선이 저에너지 광자로 전환되는 것은 아니다. 태양 내부에서 방대한 규모의 에너지 대류를 일으키는 에너지의 일부는 압력파를 생성하여 태양 주위를 감싼다. 태양빛의 스펙트럼을 분석해 보면 내부에서 미세한 진동이 일어나고 있음을 알 수 있다. 이것은 지진학자들이 지표의 음파를 분석하여 지진을 예견하는 것과 같은 이치이다. 태양의 진동패턴은 여러 개의 진동모드가 섞여 있기 때문에 엄청나게 복잡하다. 태양의 지진을 연구하는 학자들의 가장 큰 과제는 진동패턴을 기본단위로 분해하여 진동을 일으키는 내부원인을 알아내는 것이다. 이것은 피아노의 뚜껑을 열고 입으로 큰 소리를 내질렀을 때, 목소리와 같은 진동수를 갖는 피아노 줄이 진동하는 것과 비슷한 원리이다.

현재 태양의 진동현상은 '진동네트웍 연구팀(GONG)Global Oscillation Network Group'에 의해 집중적으로 연구되고 있으며 하와이, 캘리포니아, 칠레, 카나리 아일랜드, 인도, 호주 등 세계 각지에 흩어져 있는 관측소에서는 태양의 진동을 끊임없이 관측하고 있다. 지금까지 얻어진 관측결과는 별의 내부구조에 대한 최근이론이 옳았음을 강하게 시사하고 있다. 특히 광자의 '무작위걷기'에 의해 태양 내부의 에너지가 표면층으로 이동하는 현상도 거의 확실하게 입증되었다. 오랫동안 짐작되어 왔던 가설이 관측으로 입증되었다면 그것이 아무리 간단한 관측이라 해도 '역사에 남을 위대한 업적'이 된다.

태양의 내부에서 가장 뛰어난 활약을 펼치고 있는 주인공은 에너지나 물질이 아닌 광자였다. 만일 인간이 태양의 내부로 들어간다면 당장 몸이 으깨지면서 순식간에 증발될 것이다. 그리고 몸을 이루고 있던 원자들은 핵자와 전자로 분해되어 생명체의 흔적이라곤 전혀 찾아볼 수 없게 될 것이다. 이런 끔찍한 현실에도 불구하고 누군가가 태양으로 가는 여행 패키지를 개발한다면 불티나게 팔리겠지만 나는 별로 가고 싶지 않다. 그저 태양에서 일어나는 일련의 사건을 알고 있는 것으로 만족한다. 바닷가에 누워 있는 내 몸을 때리는 광자들은 태양의 내부에서 100만 년 동안 산전수전을 다 겪은 후 또다시 1억 5000만 km를 날아온 위대한 탐험가들이 아니던가. 광자가 지구에 도달하여 무엇을 때리건 간에 그들은 존경받을 자격이 충분히 있다.

제7장

행성들의 퍼레이드

인간은 지난 수천 년 동안 별을 배경으로 움직이는 하늘의 방랑자 — 행성의 정체를 규명하기 위해 끊임없이 노력해 왔다. 현대 천문학이 많은 사실을 새로 발견했다지만 '행성 연구사'만큼 흥미진진한 역사는 찾아보기 힘들다. 태양계에 속해 있는 여덟 개의 행성 중 수성Mercury, 금성Venus, 화성Mars, 목성Jupiter, 토성Saturn은 맨눈으로도 볼 수 있기 때문에 원시인들도 그 존재를 알고 있었으며 이들의 이름에는 창조주의 의도가 깊이 반영되어 있다. 예를 들어 이동속도가 가장 빠른 수성은 로마신화에 등장하는 머큐리신(사자신(使者神). 웅변가, 장인, 상인, 도둑의 수호신으로서, 그리스 신화의 Hermes에 해당함: 옮긴이)의 이름에서 따온 것이다. 머큐리신은 공기역학적으로 아무런 도움도 되지 않을 것 같은 조그만 날개를 발뒤꿈치나 머리에 달고 있는 것으로 유명하다. 그리고 유서 깊은 하늘의 방랑자 화성은 로마신화에 나오는 전쟁과 학살의 신 '마르스'의 이름에서 유래되었다. 위의 목록에는 빠져 있지만 지구도 맨눈으로 볼 수 있다. 그냥 아래쪽을 내려다보면 된다. 그러나 1543년에 코페르니쿠스가 지동설을 주장하기 전까지 지구는 행성으로 간주되지 않았다.

맨눈으로 보이는 행성은 예나 지금이나 하늘을 가로지르는 하나의 점에 불과하다. 행성이 구형천체임을 알게 된 것은 17세기에 본격적으로 보급된 망원경 덕분이었다. 그리고 20세기에 발사된 우주선 덕분에 천문학자들은 훨씬 가까운 거리에서 행성을 바라볼 수 있게 되었다. 아마도 21세기에는 인간이 행성을 직접 방문하게 될지도 모른다.

인간이 망원경으로 행성을 처음 관측한 것은 1609년에서 1610년경이었다. 갈릴레오는 1608년에 네덜란드에서 망원경이 발명되었다는 소식만 듣고 스스로 고성능 망원경을 제작하여 천문관측에 이용하였다. 따라서 갈릴레오는 망원경의 최초 발명자가 아니라 망원경으로 천체를 관측한 최초의 천문학자인 셈이다. 그는 자신이 만든 망원경을 들여다보며 행성이 구형임을 처음으로 발견하였고 금성이 달처럼 차고 기운다는 사실도 알게 되었다. 굳이 말하자면 초승금성, 반금성, 보름금성 등의 변화가 진행되는 것이다(그러나 금성이 차고 기우는 주기는 달의 주기와 전혀 다르다). 또한 갈릴레오는 목성이 거느리고 있는 위성 중 가장 큰 네 개를 발견하였다. 이들이 바로 가니메데Ganymede, 칼리스토Callisto, 이오Io, 유로파Europa인데 각 명칭은 주피터의 그리스신화 버전인 제우스Zeus의 주변인물에서 따온 것이다.

금성의 움직임과 위상변화를 이치에 맞게 설명하려면, 금성이 지구가 아닌 태양을 중심으로 공전하고 있음을 받아들여야 한다. 실제로 갈릴레오가 얻은 관측결과는 코페르니쿠스의 지동설을 강하게 지지하고 있었다.

목성의 위성은 코페르니쿠스의 우주모형을 입증하는 데 커다란 공헌을 했다. 배율이 20배 남짓한 갈릴레오의 망원경으로 볼 때 그것은 여전히 작은 점에 불과했지만 무언가가 지구 이외의 다른 천체를 중심으로 공전할 수도 있다는 사실을 분명하게 보여 주고 있었다. 과학적 관점에서는 지구가 우주의 중심이 아니라는 것이 너무도 확실했으나 당시 로마 가톨릭교회의 성직자들과 일반인들의 '상식'은 눈앞에 펼쳐진 새로운 진리를 선뜻 수용할 수 없었다. 그러나 갈릴레오는 자신의 망원경을 꾸준히 들여다본 끝에 "모든 천체는 지구를 중심으로 공전하면서 지구에게 경의를 표하고 있다"는 종교적 도그마가 진실이 아님을 확신하게 되었고 1610년에 자신이 발견한 내용을 『시데레우스 눈치우스 Sidereus Nuncius』라는 책으로 출판하였다.

그 후 코페르니쿠스의 우주관이 점차 수용되면서 사람들은 하늘의 배열상태를 '태양계 solar system'라는 이름으로 부르기 시작했으며, 지구는 맨눈으로 보이는 여섯 개의 행성 속에서 자신의 자리를 찾게 되었다. 그리고 1781년에 영국의 천문학자 윌리엄 허셜 William Herschel 이 일곱 번째 행성인 천왕성을 발견하여 태양계가 (태양을 포함하여) 여덟식구로 늘어났다.

사실 일곱 번째 행성을 최초로 발견한 사람은 영국의 천문학자이자 그리니치천문대의 초대 소장이었던 존 플램스티드 John Flamsteed 였다. 그는 1690년에 지금의 천왕성을 발견했지만 움직임이 눈에 띄지 않아서 평범한 별로 간주하고 34타우리34 Tauri라는 이름을 붙여 주었다. 그 후 윌리엄 허셜은 밤하늘을 관측하다가 플램스티드의 별이 움직이고 있다는 사실을 발견했다. 그러나 당시만 해도 행성이 또 존재한다는 것은 있을 수 없는 일이었으므로 "새로운 혜성이 발견되었다"고 발표한 후 자신의 연구를 재정적으로 지원했던 영국왕 조지 3세의 이름을 따서 조지움 사이더스Georgium Sidus('조지의 별'이라는 뜻)라고 명명하였다. 만일 이 이름이 천문학계에 수용되었다면 태양계의 행성목록은 머큐리, 비너스, 어스(지구), 마스, 주피터, 새턴 그리고 조지George가 되었을 것이다. 그러나 학계는 개인적인 아첨으로 간주하여 그 이름을 수용하지 않았고, 후에 '우라누스'라는 이름을 공식적으로 부여하였다. 그 후에도 프랑스와 미국의 일부 천문학자는 천왕성을 '허셜의 행성Herschel's planet'이라 불렀으나, 1850년에 여덟 번째 행성인 해왕성Neptune이 발견되면서 우라누스라는 이름으로 굳어졌다.

세월이 흐르면서 망원경은 더욱 커지고 성능도 좋아졌지만 행성을 분간할 정도로 향상되진 않았다. 빛이 천체망원경의 렌즈에 도달하려면 대기권을 통과해야 하는데 이 과정에서 많은 양이 산란되기 때문이다. 그러나 열정과 끈기로 무장한 천문학자들은 이 열악한 환경에서 목성의 대적반과 토성의 고리, 화성의 얼음층 그리고 수십 개의 위성을 발견하였다. 우리는 아직 행성에 대하여 모르는 것이 많지만 천문학자들의 열정이 살아 있는 한 언젠가는 반드시 밝혀질 것이다.

미국의 부유한 사업가였던 퍼시벌 로웰Percival Lowell은 19세기 말에서 20세기 초에 걸쳐 아마추어 천문학자로 이름을 떨쳤다.(그는 구한말에 미국공사의 사절단으로 한국에 파견되어 근무한 적이 있다: 옮긴이) 그의 이름은 화성의 운하와 금성의 스포크spoke(금성의 표면에 나 있는 검은 줄무늬) 그리고 아리조나 주 플래그스탭에 있는 로웰천문대에 영원히 각인되어 있다. 그 무렵의 모든 천문학자가 그랬듯이 로웰은 19세기 이탈리아 천문학자 조반니 스키아파렐리Giovanni Schiaparelli의 "화성에 카날리canali가 있다"는 발표에 크게 매료되었다.

카날리는 이탈리아어로 '패인 홈'이란 뜻이다. 그러나 로웰은 이 단어를 '운하canal'로 잘못 해석하여 화성에 사는 지적인 생명체들이 운하를 건설했다고 믿게 되었다. 아닌 게 아니라 스키아파렐리가 발견한 운하(홈)는 지구에 건설된 운하와 규모가 거의 비슷했다. 로웰의 집착은 날이 갈수록 심해져서 나중에는 화성의 운하지도를 직접 작성하는 지경에까지 이르렀다. 그는 화성인들이 도시를 건설했으나 물이 부족하여 극지방에 있는 얼음층으로부터 적도에 있는 도시까지 물을 공급하는 운하를 건설했다고 굳게 믿었다. 그리고 그의 주장에 영감을 얻은 작가들은 화성인과 관련된 공상과학소설을 쏟아 내기 시작했다.

로웰은 금성에도 관심이 많았다. 금성은 밤하늘에서 가장 밝게 빛나는 천체 중 하나인데 주된 이유는 대기 중의 구름이 다량의 빛을 반사하기 때문이다. 금성은 태양과의 거리가 비교적 가깝기 때문에 일몰 직후(또는 일출 직전)의 저녁하늘(새벽하늘)에서 쉽게 찾을 수 있다. 그래서 휘황찬란한 황혼녘에 금성이 뜨는 날 911구조대는 "지평선 근처에서 밝은 빛을 내며 공중에 떠 있는 UFO를 보았다"는 신고전화를 받느라 몹시 분주해진다.

로웰은 금성에서도 바퀴 살 모양으로 퍼져 나가는 거대한 줄무늬(스포크)를 발견했으나 마땅한 해석을 내리지 못했다. 사실 당시에는 로웰이 화성과 금성에서 발견했다는 무늬를 확인한 사람이 아무도 없었다. 로웰이 사재를 털어 건설한 천문대는 입지조건이나 망원경의 성능이 세계 최고수준이었기 때문이다. 만일 당신이 망원경으로 화성을 아무리 관측해도 로웰이 발견한 무늬를 발견하지 못했다면 그것은 망원경의 성능이나 관측장소의 입지조건이 로웰천문대보다 못하기 때문이다.

망원경의 성능이 개선된 후에도 로웰이 발견했다는 무늬는 발견되지 않았다. 사실 믿어야 한다는 강박관념이 있으면 논리적이고 정확한 데이터가 없어도 쉽게 믿을 수 있다. 천문학자들은 로웰의 일화가 이와 비슷한 사례였을 것으로 추정해 오다가 21세기가 되어서야 그 전모가 알려지게 되었다.

미네소타의 세인트 폴Saint Paul에서 시력측정사로 일하고 있던 셔먼 슐츠Sherman Schultz는 과학잡지 『하늘과 망원경Sky and Telescope』의 2002년 7월호에 실린 기사를 읽고 편집부에 한 통의 편지를 보냈다. 그는 로웰이 생전에 사용했던 관측기구가 사람 눈의 내부를 들여다보는 의료기구와 비슷하다고 생각했다. 그 외의 몇 가지 가능성을 지적한 후 슐츠는 로웰이 금성에서 발견했다는 줄무늬가 로웰의 안구에 나 있는 혈관이 그의 망막에 비친 영상일 것이라고 결론지었다. 실제로 안구에 퍼져 있는 핏줄과 로웰이 그린 금성표면의 줄무늬를 비교해 보면 놀라울 정도로 비슷하다. 결국 로웰은 자신의 눈에 나 있는 혈관의 지도를 그렸던 셈이다. 게다가 로웰은 평소에 혈압이 높았으므로 핏줄의 영상이 더욱 또렷하게 나타났을 것이다. 외계 생명체의 존재를 굳게 믿었던 그가 운하를 닮은 관측자료에서 그와 같은 결론을 내린 것은 너무도 당연한 일이었다.

로웰이 학계로부터 그나마 약간의 인정을 받은 부분은 해왕성 너머에 있는 X행성을 발견한 것이었는데 이 조차도 1990년대 중반에 천문학자 마일즈 스탠디시 E. Myles Standish Jr.에 의해 '존재하지 않는 환상의 행성'으로 밝혀졌다. 그러나 로웰이 사망하고 13년이 지난 후, 로웰천문대의 학자들이 명왕성 Pluto 을 발견함으로써 X행성을 부활시켰다. 그런데 천문대 측에서 이 놀라운 사실을 발표한 지 일주일도 채 되기 전에 일부 천문학자들이 "명왕성을 아홉 번째 행성으로 인정할 수 없다"며 이의를 제기하고 나섰다. 미국의 천문학자들은 로즈센터 우주 박물관 Rose Center for Earth and Space 에 전시된 명왕성을 행성이 아닌 혜성으로 명기하기로 결정했다는데 나는 그 현장에 없었기 때문에 자세한 내막은 잘 모르겠다. 현재 명왕성을 태양계에서 퇴출시키려는 사람들은 소행성 asteroid 이나 미행성 planetoid (과거에는 '소행성'이라는 단어와 혼용되었으나 현재는 해왕성 외곽 천체 중 질량이 큰 것을 칭하는 용어로 사용되고 있다: 옮긴이), 미행성체 planetesimal, 규모가 큰 미행성체, 얼음-미행성체, 작은 행성, 왜소행성 dwarf planet, 거대혜성, 카이퍼 띠 Kuiper Belt (해왕성 바깥쪽에서 태양의 주위를 돌고 있는 작은 천체들의 집합: 옮긴이), 해왕성궤도통과천체 trans-Neptunian Object (해왕성보다 먼 궤도를 돌면서 궤도의 일부가 해왕성궤도를 침범하는 천체: 옮긴이), 메탄 눈덩이, 미키의 멍청한 사냥개 등 명왕성에 별의별 이름을 갖다 붙이고 있다. 사실 명왕성은 행성치고는 너무 작고 가벼우며, 얼음이 너무 많고 공전궤도가 지나치게 일그러져 있다. 그리고 최근에 명왕성 너머에서 발견된 3~4개의 천체도 크기와 특성이 명왕성과 거의 비슷하다. (2006년 8월에 체코의 프라하에서 개최된 국제천문학연맹 정기총회에서 투표를 실시한 끝에 명왕성은 결국 행성의 지위를 잃고 말았다. 투표결과는 찬성-237표, 반대-157표, 기권-17표였다: 옮긴이)

그동안 흐르는 세월과 함께 관측기술도 꾸준하게 발전해 왔다. 1950년대에는 전파망원경이 개발되어 행성의 더욱 자세한 모습을 관측할 수 있게 되었으며, 1960년대에는 사람과 로봇이 지구를 떠나 행성의 가족사진을 찍어 오기도 했다. 천문학자들은 새로운 사진이 도착할 때마다 무지의 커튼을 조금씩 걷어 낼 수 있었다.

선과 아름다움의 여신, 비너스의 이름을 물려받은 금성은 불투명한 대기로 두껍게 덮여 있으며, 대기의 대부분은 이산화 탄소로 이루어져 있다. 게다가 지표면의 기압은 지구 해수면 기압의 100배에 달하고 표면온도는 섭씨 480도나 된다. 지름 40cm짜리 페페로니 피자를 화성에서 굽는다면 오븐이 전혀 필요 없다. 그저 대기 중에 7초 동안만 노출시키면 된다(이것은 수학계산으로 얻은 기대치이다. 나는 아직 화성에 가 보지 못했다). 만일 금성으로 우주선이나 기타 관측장비를 보낸다면 대기를 통과하면서 녹고, 으깨지고, 결국에는 몽땅 증발해 버릴 것이다. 이 척박한 행성의 데이터를 수집하기 위해 굳이 방문하기를 원한다면 고성능 내열복을 착용하는 것은 물론이며 모든 동작을 엄청나게 서둘러야 할 것이다. 조금만 지체하면 금성 대기의 일부로 영원히 남는 수가 있다.

금성이 뜨거운 것은 당연한 결과이다. 대기 중의 이산화 탄소가 온실효과를 야기하여 엄청난 양의 적외선에너지를 흡수하고 있기 때문이다. 태양에서 날아온 가시광선은 금성 대기의 최외곽에서 거의 대부분 반사되지만 운 좋게 대기를 통과한 빛이 표면의 암석이나 토양에 흡수되면 적외선으로 재방출되어 대기 중에 흡수된다. 이런 과정이 계속 반복되면서 지금과 같은 찜통행성이 만들어진 것이다.

화성에 살고 있을지도 모를 생명체를 화성인Martians 이라 불렀던 것처럼 만일 금성에서 생명체가 발견된다면 금성인Venutians 이라고 불러야 할 것 같다. 그러나 라틴어의 소유격 변화규칙에 따르면 Venus의 소유격은 Venereal이며 이것은 천문학자보다 의사들에게 훨씬 더 친숙한 단어이다.(venereal은 영어로 '성병에 걸린' 또는 '성욕을 자극하는'이라는 뜻의 형용사이다: 옮긴이) 물론 그렇다고 의사들을 비난할 생각은 없다. 성병은 천문학보다 오랜 역사를 갖고 있고 매춘은 인류 역사상 두 번째로 오래된 직업이니까 말이다.

태양계의 나머지 행성들은 우리와 서서히 친숙해졌다. 1964년에 발사된 우주선 마리너 4호 Mariner 4 는 1965년에 최초로 화성 근처를 지나면서 붉은 행성 Red Planet (화성의 속칭: 옮긴이)의 근접촬영사진을 전송해왔다. 그 전까지만 해도 화성에 대해 알려진 사실이라곤 외형이 붉은색이고 극지방에 얼음층이 덮여 있으며 표면에 밝고 어두운 줄무늬가 나 있다는 것 정도였다. 화성에 그랜드캐년보다 훨씬 넓고 깊은 계곡과 거대한 산이 존재하리라고는 아무도 예상하지 못했으며 더욱이 지구에서 가장 큰 화산인 하와이의 마우나케아 산 Mt. Mauna Kea 보다 더 큰 화산이 존재하리라고는 꿈에도 생각하지 못했다.

천문학자들은 근접사진을 분석하다가 화성의 표면에 물이 흘렀던 흔적을 발견하였다. 사진에는 이리저리 굽이치면서 아마존 강보다 길게

나 있는 강의 흔적과 복잡하게 얽혀 있는 지류의 흔적 그리고 삼각주와 범람원의 흔적 등이 선명하게 나타나 있었다. 뿐만 아니라 최근에 화성 탐사선이 채집한 토양에는 광물질이 한때 존재했던 흔적이 남아 있었는데 이 또한 화성에 한때 물이 흘렀음을 입증하는 증거였다. 이와 같이 "한때 화성에 다량의 물이 존재했었다"는 증거는 사방에 널려 있다. 그러나 애석하게도 지금은 단 한 방울의 물도 남아 있지 않다.

지금까지 수집된 자료를 종합해 보면 과거 화성과 금성에 어떤 대재앙이 닥쳤던 것으로 추정된다. 지구에도 그런 재앙이 찾아올 수 있지 않을까? 지금 인간은 결과를 생각하지 않은 채 환경을 심각하게 오염시키고 있다. 인간이 화성과 금성을 관측하지 않았어도 과연 이런 질문이 제기되었을까? 별로 그럴 것 같지 않다.

더 멀리 있는 행성을 자세히 보려면 탐사선을 띄워야 한다. 태양계 바깥으로 진출한 최초의 우주선은 1972년에 발사된 파이어니어 10호였고, 1973년에는 그 쌍둥이격인 파이어니어 11호가 발사되었다. 이들은 2년 동안 태양계를 여행한 후 목성을 지나면서 본격적인 장거리여행에 돌입했다. 이제 조금 있으면 명왕성보다 두 배나 먼 160억 km 지점을 통과할 예정이다.

처음에 파이어니어 10, 11호는 목성까지 갈 수 있을 정도의 연료만 탑재된 채로 발사되었다. 그런데 어떻게 명왕성을 지나 그 먼 곳까지 갈 수 있었을까? 목적지를 향해 발사된 우주선은 태양계에 존재하는 모든 질량으로부터 중력이라는 힘을 받게 된다. 따라서 타이밍을 적절히 맞추면 마치 새총을 발사하듯이 주변 행성의 궤도에너지를 얻어 쓸

수 있다. 이 계산을 전문으로 하는 사람들을 궤도역학자 orbital dynamicist
라 한다.

파이어니어 10, 11호는 목성과 토성을 지나가면서 과거에 천체망원
경으로 촬영했던 것과는 비교가 안 될 정도로 선명한 사진을 전송해
왔다. 그리고 최신 과학실험장치와 고성능 망원경을 탑재하고 1977년
에 발사된 보이저 1, 2호는 외행성 outer planet(태양계에서 궤도가 지구보다
바깥쪽에 있는 행성 : 옮긴이)의 생생한 모습을 촬영함으로써 태양계 전체
를 전 세계 사람들의 거실 안으로 옮겨 놓았으며 외행성의 위성들이
행성 못지않게 다양하고 흥미로운 연구대상임을 일깨워 주었다. 그동
안 너무 멀리 있다는 이유로 지구인의 관심을 끌지 못했던 천체들이
드디어 가시권 안에 들어온 것이다.

지금 내가 이 글을 쓰고 있는 순간에도 NASA의 궤도위성 카시니호
Cassini는 토성의 주변궤도를 돌면서 토성 자체와 고리의 성분 그리고
위성들을 관측하고 있다. 4단계에 걸친 '중력쿠션'의 도움을 받아 토
성의 궤도진입에 성공한 카시니호는 소형 탐사선 하위헌스호 Huygens
를 성공리에 발진시킴으로써 작업의 효율을 한층 더 높이고 있다. 소
형 탐사선은 유럽우주기구 European Space Agency에서 제작하였으며 그
명칭은 토성의 고리를 최초로 발견한 네덜란드의 천문학자(사실은 물리
학자에 더 가깝다) 크리스티안 하위헌스의 이름에서 따온 것이다. 현재
하위헌스호는 토성 주변을 돌고 있는 가장 큰 위성 타이탄의 대기 속
으로 진입한 상태이다. 태양계에서 두꺼운 대기층을 갖고 있는 유일한
위성인 타이탄은 표면에 다량의 유기물 분자가 분포되어 있어서 생명
이 탄생하기 전의 지구 환경과 매우 비슷하다. NASA는 목성에 대해서

도 동일한 탐사계획을 준비하고 있는데, 이것이 실현되면 목성을 비롯한 70여 개의 위성을 마치 코앞에서 보듯이 관측할 수 있을 것이다.

이탈리아의 철학자이자 수도승이었던 조르다노 브루노Giordano Bruno는 1584년에 출간된 저서 『무한한 우주와 세계에 대하여On the Infinite Universe and Worlds』에서 "우주에는 무수히 많은 태양이 있고, 각 태양을 중심으로 지구와 닮은 무수한 행성이 공전하고 있다"는 파격적인 우주모형을 제안하였다. 뿐만 아니라 그는 전지전능한 창조주가 존재한다고 가정한 후 '모든' 지구에 인간과 같은 생명체가 살고 있다고 주장했다. 그러나 당시 가톨릭교회는 책의 내용을 신성모독으로 간주하여 저자인 브루노를 화형에 처했다.

사실 이와 같은 우주모형을 제안한 사람은 브루노가 처음이 아니었고 마지막도 아니었다. 기원전 5세기 그리스의 데모크리토스Democritus에서 시작하여 15세기에 살았던 성직자 쿠사의 니콜라스Nicholas of Cusa에 이르기까지, 수많은 사람이 기독교 교리와 상반되는 우주관을 피력해 왔으며 18세기 독일의 철학자 이마누엘 칸트Immanuel Kant와 19세기 프랑스의 작가 오노레 드 발자크Honerè de Balzac도 이와 비슷한 주장을 펼쳤다. 단지 브루노는 그러한 주장이 범죄로 취급되는 불운한 시대에 살았던 것뿐이다.

20세기의 천문학자들은 별에서부터 '생존 가능한 거리'에 있는 행성에 생명체가 존재할 수도 있다는 가능성을 조심스럽게 제기하였다. 별과 너무 가까우면 물이 모두 증발할 것이고 너무 멀면 물이 얼어붙어서 생명체가 살 수 없기 때문이다. 독자들도 익히 알다시피 물은 모든 생명활동에 반드시 필요한 요소이다. 그리고 이로부터 에너지를 생산해 내려면 적당량의 빛이 꾸준하게 공급되어야 한다.

목성의 위성인 이오Io와 유로파Europa는 태양 이외의 다른 곳에서 에너지를 얻고 있음이 밝혀졌다. 이오는 태양계 내에서 화산활동이 가장 격렬한 천체로서 대기 중에 다량의 황이 섞여 있으며 표면 곳곳에 용암이 흐르고 있다. 그리고 유로파의 표면을 덮고 있는 얼음층의 내부에는 수십 억 년 된 바다가 존재하는 것으로 추정된다. 목성의 강한 조석력이 이들에게 작용하면 내부로 에너지가 전달되어 얼음이 녹고, 그 결과 태양에너지와 무관하게 생명이 살아갈 수 있는 환경이 조성된다.

지구의 특정지역에서도 극한 환경에서 살아가는 미생물extremophile이 번성하고 있다. 생명체가 살기 좋은 환경은 대개 상온에서 형성되지만 개중에는 수백 도가 넘는 고온을 선호하는 생명체도 있다. 만일 이들에게 생각하는 능력이 있다면, 인간을 극한환경생물이라고 여길 것이다. 뜨거운 열을 뿜어내는 해저구멍이나 데스밸리Death Valley(미국 캘리포니아 주 남동부 아마르고사 산맥과 페너민트 산맥 사이에 끼어 있는 구조곡(構造谷): 옮긴이), 또는 핵폐기물이 쌓여 있는 곳이 이들에게는 최적의 환경일 수도 있다.

생명체라는 것이 우리가 상상했던 것보다 훨씬 다양한 환경에서 살아갈 수 있음을 깨달은 우주생물학자들은 기존의 '생존가능지역'의 개념을 한층 더 넓혀서 관측 가능한 우주 전역을 탐사하고 있다. 어떤 형태로든 에너지가 공급되는 지역에는 생명체가 존재할 가능성이 있다고 보아야 한다. 현재 태양계의 바깥에서는 브루노가 짐작했던 대로 새로운 행성이 속속 발견되고 있다. 지난 10년 사이에 발견된 행성만 무려 150여 개에 이른다.

우리의 선조들이 예견했던 대로 생명체는 어디에나 존재할 수 있다. 다행히도 현대를 사는 우리는 새로운 지식을 기반으로 상상력을 마음껏 펼쳐도 화형을 당할 염려가 없다. 생명은 강인하고 적응력이 강하기 때문에 이들의 생존가능지역은 아마도 우주 전역으로 확장되어야 할 것이다.

제8장

태양계의 방랑자

19세기 이전만 해도 지구 주변에 산재하고 있는 천체의 목록은 수백 년 동안 거의 변하지 않았다. 이 목록에는 태양과 별을 비롯하여 행성과 혜성이 포함되어 있었으며, 간혹 새로운 행성이 한두 개 발견된다 해도 기본적인 우주관은 달라질 것이 없었다.

그러나 1801년이 밝으면서 사정은 크게 달라졌다. 여태껏 한 번도 본 적이 없는 새로운 천체가 발견된 것이다. 천왕성을 발견한 윌리엄 경의 아들이자 영국의 저명한 천문학자였던 존 허셜 경은 1802년에 이 천체를 '소행성asteroid'이라고 명명하였다. 그 후 200년 동안 태양계의 가족앨범에는 엄청난 양의 관측자료와 사진들이 추가되었는데 그중 대부분이 소행성과 관련된 내용이었다. 천문학자들은 '태양계의 방랑자'로 통하는 수많은 소행성의 생성지를 추적하고, 구성성분을 분석하고, 크기와 외형을 관측하고, 궤도를 계산하고, 좀 더 가까운 곳에서 보기 위해 탐사선을 띄워 보내기도 했다. 개중에는 소행성이 다른 행성의 위성이나 혜성과 사촌지간이라고 주장하는 천문학자도 있다. 그리고 지금 이 순간에도 일부 천체물리학자와 공학자는 지구를 향해 다가오는 소행성의 궤도를 변형시키는 방법을 연구하고 있다. 지구를 위협하는 소행성은 아직 발견된 적이 없지만, 그 수가 워낙 많기 때문에 어느 누구도 지구의 안전을 장담할 수 없는 상황이다.

태양계를 떠도는 조그만 천체들을 이해하려면 우선 커다란 천체들, 특히 행성부터 살펴봐야 한다. 1766년에 프러시아의 천문학자 요한 다니엘 티티우스Johann Daniel Titius는 태양과 각 행성들 사이의 거리를 산출하는 희한한 공식을 찾아냈다. 그런데 몇 년 후에 티티우스의 연구동료였던 요한 엘레르트 보데Johann Elert Bode가 티티우스의 이름을 거론하지 않고 그의 공식을 공론화하는 바람에 지금도 이 법칙은 '티티우스－보데의 법칙'으로 불리고 있으며, 심지어는 아예 티티우스의 이름을 빼고 '보데의 법칙'으로 불리기도 한다. 어쨌거나 이들의 공식은 당시에 알려져 있었던 행성(수성, 금성, 지구, 화성, 목성, 토성)과 태양 사이의 거리를 매우 정확하게 예견하고 있다. 1781년에 일곱 번째 행성인 천왕성이 발견될 때에도 티티우스－보데의 법칙이 커다란 역할을 했다. 티티우스－보데의 법칙은 물리법칙이 아닌 수열에 관한 것이다. 즉, 거리 $=0.4+(0.3\times2^n)$이다. n자리에 $-\infty$, 1, 2, 3, 4, ……을 대입하여 나온 값이, 태양에서부터 각 행성에 이르는 거리와 같다. 과연 이 법칙이 우연히 맞아떨어진 것일까? 아니면 그 속에 무언가 심오한 원리가 숨어 있는 것일까?

사실, 티티우스－보데의 법칙은 몇 가지 문제점을 안고 있다.

[문제점 1] 여덟 번째 행성인 해왕성은 공식에서 예견하는 거리보다 훨씬 가까운 곳에 있다. 사실, 티티우스-보데의 법칙에서 예견한 해왕성 자리는 실제 명왕성 자리에 가깝다. [문제점 2] 일부 사람들이 아홉 번째 행성이라고 주장하는 명왕성은[1] 티티우스-보데 공식의 예견치보다 훨씬 가까운 거리에 있다.

이들의 공식에 따르면 태양으로부터 2.8AU(천문단위)[2]의 거리에 또 하나의 행성이 존재해야 한다. 이것은 화성과 목성 사이의 특정지점에 해당되는 거리인데, 티티우스-보데의 공식이 알려지던 무렵에는 그 근방에서 아무런 천체도 발견되지 않았다. 그러나 천왕성을 발견하는 데 티티우스-보데의 공식이 큰 역할을 했으므로 여기서 영감을 얻은 18세기의 천문학자들은 일단 2.8AU 지점을 찾아보기로 했다. 그리고 1801년 1월 1일에 이탈리아의 천문학자이자 팔레르모 천문대Palermo Observatory의 설립자인 주세페 피아치 Giuseppe Piazzi가 그 거리에서 무언가를 발견하여 사람들을 놀라게 했으나 이 새로운 천체는 금세 태양 뒤로 자취를 감추고 말았다. 그로부터 정확하게 일 년 후 천문학자들은 독일의 수학자 카를 프리드리히 가우스 Carl Friedrich Gauss 의 천재적인 계산에 힘입어 피아치가 발견했던 천체를 하늘의 다른 곳에서 재발견하였고 이 사실이 알려지면서 사람들은 흥분을 감추지 못했다. "수학과 망원경이 합작하여 새로운 천체를 발견하다" ― 이것은 수학의

---

1) 뉴욕시의 로즈센터 우주박물관에는 명왕성이 '혜성의 왕king of comet'으로 소개되어 있다. 별 볼일 없는 행성으로 남는 것보다 훨씬 명예롭지 않은가?

2) 1AU(천문단위)는 태양과 지구 사이의 평균거리로서, 약 1억 5000만 km이다.

승리이자 천문학의 승리이기도 했다. 피아치는 로마신화에 등장하는 신의 이름을 행성에 붙이는 당시의 관례를 따라 자신이 발견한 천체를 '케레스Ceres(농업의 신)'라 부르기로 했다.

그러나 케레스의 궤도와 거리 그리고 밝기를 더욱 자세하게 관측한 결과, 행성이라고 부르기에는 너무 작은 천체임이 밝혀졌다. 그 후 3년 사이에 팔라스Pallas와 주노Juno 그리고 베스타Vesta라 불리는 세 개의 작은 행성이 케레스와 비슷한 거리에서 추가로 발견되었으나 허셜의 '소행성'이라는 이름이 공식적으로 사용된 것은 그로부터 수십 년이 지난 후의 일이었다. 현대식 망원경으로 행성을 관측하면 뚜렷한 원형으로 보이지만 당시의 망원경으로는 행성과 별을 구별할 수 없었으므로, 새로 발견된 천체도 움직임 빼고는 외형상 별과 거의 다를 것이 없었다. 그 후 꾸준한 관측을 통해 새로운 소행성이 줄줄이 발견되었고, 19세기 말에는 태양으로부터 2.8AU의 거리에서 발견된 소행성이 무려 464개에 이르렀다. 소행성들은 태양으로부터 거의 균일한 거리에서 마치 벌통 주변을 맴도는 벌떼처럼 공전하고 있었으므로 이들이 밀집되어 있는 지역을 '소행성 벨트asteroid belt'라 부르게 되었다.

지금까지 발견된 소행성은 수만 개에 달하며 매년 수백 개의 소행성이 추가로 발견되고 있다. 전체적으로는 좌우−상하로 약 0.8km의 폭 안에 100만 개 이상의 소행성이 흩어져 있는 것으로 추정된다. 로마 신들의 대인관계가 제아무리 활발했다 해도 만 명 이상의 친구를 사귀기는 어려웠을 것이다. 그래서 언제부턴가 천문학자들은 새로 발견된 행성에 신의 이름을 붙이는 관례를 포기하고 유명한 배우나 화가, 철학자, 극작가 등의 이름을 붙여 나갔고 이마저 여의치 않게 되자 도시,

국가, 공룡, 꽃, 계절 등 오만가지 이름이 동원되기 시작했다. 심지어는 소행성에 일반인의 이름을 붙이는 경우도 있다. 1744 해리엇1744 Harriet, 2316 조-안2316 Jo-Ann, 5051 랄프5051 Ralph 등이 그 사례인데 이름 앞에 붙은 숫자는 소행성의 궤도가 확인된 순서를 의미한다. 캐나다 출신의 아마추어 천문학자이자 혜성 사냥꾼의 원조인 데이비드 레비David H. Levy도 여러 개의 소행성을 발견했는데 우리가 '우주를 지구에 재현시킨다'는 목적으로 2억 4000만 달러를 들여 로즈센터 과학박물관을 개관한 직후, 자신이 발견한 소행성 중 하나에 '13123 타이슨(저자의 이름)'이라는 이름을 붙여 주었다. 내 이름이 소행성에 붙었다는 소식에 깊이 감명 받아서 곧바로 13123 타이슨의 관련자료를 뒤져 보았더니 다행히 그것은 주 벨트main belt에 속해 있는 소행성으로서 지구와 충돌할 위험이 전혀 없는 '온순한' 천체였다. 누구든 자신의 이름이 소행성에 붙었다면 그것이 지구와 충돌하여 인류를 멸망시킬 위험은 없는지 확인하고 싶을 것이다.

지름이 930km나 되는 케레스는 소행성 중에서 가장 클 뿐만 아니라 외관이 구형인 유일한 소행성이다. 다른 소행성들은 덩치가 훨씬 작고 모양도 불규칙적이다. 케레스는 소행성의 챔피언으로서 전체 소행성 질량의 $\frac{1}{4}$을 혼자 차지하고 있다. 그리고 지금까지 발견된 소행성과 '있을 것으로 추정되는' 소행성의 질량을 모두 더해도 달moon의 5%밖에 되지 않는다. 따라서 태양으로부터 2.8AU의 거리에 행성이 존재한다는 티티우스-보데의 예견은 약간 과장된 것이었다.

대부분의 소행성은 암석으로 이루어져 있다. 그러나 개중에는 100%

금속인 것도 있고, 금속과 암석이 혼합된 소행성도 있다. 또한 대부분의 소행성은 화성과 목성 사이에 존재하는 주 벨트에 속해 있다. 소행성은 태양계가 형성되던 초기에 행성이 만들어지고 남은 잔해로 추정된다. 그러나 이런 식으로는 100% 금속으로 이루어진 소행성의 출처를 설명할 수 없다. 모든 정황을 올바르게 이해하려면 커다란 천체(행성)들의 형성과정부터 알아야 한다.

태양계의 행성은 별이 폭발하면서 사방으로 흩어진 먼지와 가스구름에서 형성되었다. 초기에 가스구름이 응축되면서 생성된 원시행성protoplanet은 주변의 물체들을 중력으로 끌어들여 점차 덩치를 키워 나갔는데 이 과정에서 두 가지 현상이 두드러지게 나타났다. 하나는 전체적인 형태가 구형으로 진화한 것이고 또 하나는 내부의 열 때문에 원시행성의 중심부가 액체상태로 유지되어 철, 니켈, 코발트, 금, 우라늄 등의 금속이 중심부로 가라앉은 것이다. 이와 동시에 수소, 탄소, 산소, 실리콘 등과 같이 가벼운 물질은 표면으로 떠올랐다. (긴 단어를 전혀 두려워하지 않는)지질학자들은 이 과정을 '분화differentiation'라고 부른다. 따라서 지구와 화성, 또는 금성과 같은 행성의 중심부는 금속으로 분화되었다. 이들의 맨틀과 지각은 대부분 암석으로 이루어져 있으며 중심부의 핵보다 훨씬 큰 부피를 차지하고 있다.

이런 행성이 식은 후에 다른 행성과 충돌하여 산산이 부서지면 그 조각들은 원래의 행성이 돌던 궤도와 거의 비슷한 궤도를 돌게 된다. 조각의 대부분은 두터운 바위층에서 쪼개져 나온 암석이고 일부는 중심부로 가라앉은 금속일 것이다. 실제로 소행성을 관측해 보면 암석형 소행성과 금속형 소행성의 비율이 멀쩡한 행성의 암석/금속 성분비와 거의 동일하게 나타난다. 사실 금속 덩어리는 우주공간에서 저절로 만들어 질 수 없다. 철 덩어리를 이루고 있는 개개의 철 원자는 행성의 모태인 가스구름 속에 흩어져 있고 가스구름의 대부분은 수소와 헬륨이기 때문이다. 철 원자들이 한 곳에 집중되려면 원시행성의 내부에서 분화과정을 반드시 거쳐야 한다.

그런데 천문학자들은 주 벨트에 속한 소행성들이 대부분 암석으로 이루어져 있다는 것을 어떻게 알았을까? 소행성이 빛을 반사하는 정도, 즉 반사율을 관측하면 알 수 있다. 다들 알다시피 소행성은 스스로 빛을 발하지 않는다. 이들은 오직 태양빛을 흡수하고 반사할 뿐이다. 그렇다면 1744 해리엇 소행성은 적외선을 반사하는가? 아니면 흡수하는가? 가시광선이나 자외선의 경우는 어떤가? 각 물질은 서로 다른 진동수대역의 빛을 흡수하거나 방출하고 있다. 소행성에서 반사된 빛의 스펙트럼을 세밀하게 분석해 보면 태양빛이 얼마나 변했는지 알 수 있고 이로부터 소행성의 표면성분을 추정할 수 있다. 또한 성분이 알려지면 빛의 반사율을 알 수 있으므로 반사된 광량으로부터 소행성의 크기도 알아낼 수 있다. 일반적으로 소행성을 관측하면 밝기가 제일 먼저 눈에 들어온다. 개중에는 크고 희미한 것도 있고 작으면서 밝게 빛나는 것도 있다. 그러나 소행성의 구성성분을 알지 못하는 한 밝기만으로 크기나 거리를 알아낼 수는 없다.

초기에 천문학자들은 스펙트럼 분석법을 통해 소행성을 '탄소가 많은 C형'과 '규산염이 많은 S형' 그리고 '금속성분이 많은 M형'으로 분류했다. 그러나 관측기구의 성능이 향상되면서 종류는 수십 가지로 늘어났고 26개 밖에 안 되는 알파벳은 금방 동나고 말았다. 뿐만 아니라 소행성의 종류가 이렇게 다양하다는 것은 하나의 행성이 충돌로 분해되면서 지금의 소행성이 되었다는 기존의 이론에 문제가 있음을 시사하고 있었다.

만일 당신이 소행성의 구성성분을 알아냈다면 "밀도도 안 거나 마찬가지다"라는 자신감을 가질 것이다. 그런데 이상하게도 암석으로 이루어진 소행성의 크기와 질량으로부터 밀도를 계산해 보면 암석의 밀도보다 작은 값이 얻어진다. 그렇다면 소행성은 단단한 물체로 이루어져 있지 않은 것일까? 암석 이외에 대체 어떤 물질이 소행성을 이루고 있다는 것일까? 모르긴 몰라도 얼음은 아닌 것 같다. 소행성 벨트는 태양과 충분히 가깝기 때문에 설혹 얼음(물, 암모니아, 이산화 탄소 등 암석보다 밀도가 작은 얼음)이 있어도 이미 옛날에 증발해 버렸을 것이다. 아마도 암석조각과 온갖 종류의 파편이 일제히 움직이면서 망원경에 하나의 덩어리처럼 보인 것일지도 모른다.

1993년 8월 28일, 우주탐사선 갈릴레오호가 소행성 벨트 근처를 지나가면서 길이 56km짜리 소행성 이다_{Ida}를 촬영하여 지구로 전송했다. 그리고 천문학자들은 근 반년 동안 사진을 분석한 끝에 이다의 중심으로부터 96km 떨어진 곳에서 직경 0.8km짜리 초소형 달을 발견했다! 댁틸_{Dactyl}이라 명명된 이 천체는 천문관측사상 최초로 발견된 소행성의 위성이었다. 이런 위성은 과연 몇 개나 될까? 소행성이 한 개의 위성을 거느릴 수 있다면 수백, 수천 개의 위성도 거느릴 수 있을까? 일부 소행성은 하나의 암석 덩어리가 아니라 여러 개의 작은 암석이 나란히 움직이고 있는 것은 아닐까?

현재 천문학계의 의견은 '참'으로 기울고 있다. 심지어 일부 천체물리학자들은 소행성을 '잡석 덩어리rubble piles'로 부르고 있다(역시 천체물리학자들은 다음절로 된 용어를 좋아하는 것 같다). 가장 극단적인 사례로 일컬어지는 직경 240km짜리 사이키Psyche 소행성은 표면이 금속으로 덮여 있어서 밝은 빛을 반사하고 있지만, 전체적인 밀도를 계산해 보면 내부의 70%는 빈 공간임을 알 수 있다.

태양계를 떠도는 방랑자는 소행성의 주 벨트에만 있는 것이 아니다. 지구와 충돌할 가능성이 있는 소행성과 혜성 그리고 수많은 행성형 위성이 태양계의 곳곳을 누비고 있다. 이들 중 '우주의 눈덩이'라 불리는 혜성은 크기가 보통 수 km 이내이며 얼어붙은 기체와 얼음, 먼지 그리고 다양한 입자로 구성되어 있다. 사실 혜성은 '얼음으로 덮인 소행성'에 가깝다. 단지 그 얼음이 완전히 증발하지 않는다는 것뿐이다. 그렇다면 혜성과 소행성의 차이는 무엇인가? 이들의 신분은 '출생지'와 '출생 후 거쳐 온 경로'에 의해 결정된다. 뉴턴이 1687년에 『프린키피아』를 통해 중력법칙을 발표하기 전까지만 해도 사람들은 혜성이 '길게 찌그러진 궤도를 따라 움직이는 태양계의 한 식구'라는 사실을 전혀 알지 못했다. 태양계의 한 구석에서(또는 카이퍼 띠에서) 형성된 얼음 덩어리가 태양을 중심으로 크게 찌그러진 궤적을 그리며 목성궤도 근처를 지나갈 때 수증기와 기타 기체로 이루어진 기다란 꼬리가 지구의 하늘에서 관측되는데, 이것이 바로 우리가 '혜성comet'이라고 부르는 천체이다. 이런 식으로 혜성이 태양계의 내부를 여러 차례(수백 번 또는 수천 번) 방문하고 나면 표면을 덮고 있는 얼음이 완전히 증발하여 중심부의 암석만 남게 된다. 현재 태양계에서 지구를 위협하는 소행성 중 일부는 이와 같은 과정을 거쳐 소멸된 혜성일 수도 있다.

지구로 떨어지는 대부분의 유성은 소행성처럼 암석으로 이루어져 있고 가끔씩 금속성분이 발견되기도 한다. 따라서 이들의 고향은 소행성 벨트일 가능성이 높다. 그러나 소행성을 집중적으로 연구하는 행성지질학자들은 모든 유성이 소행성의 주 벨트에서 생성된 것은 아니라고 주장하고 있다.

할리우드 영화에 자주 등장하는 것처럼 소행성이 지구와 충돌할 가능성은 얼마든지 있다. 그런데 불과 45년 전만 해도 사람들은 이 사실을 심각하게 받아들이지 않았다. 1963년에 천문지질학자 유진 슈메이커Eugene M. Shoemaker는 미국 애리조나 주의 윈슬로우Winslow 근처에 있는 베린저 운석구Barringer Meteorite Crater를 연구한 끝에 "이것은 화산이나 기타 지질학적 힘에 의해 생긴 것이 아니라 5만 년 전에 외계에서 날아온 운석이 지표면과 충돌하면서 남긴 흔적이다"라는 충격적인 사실을 발표함으로써 지구 멸망의 또 다른 시나리오가 가능해졌다.

앞으로 6부에서 다루겠지만 슈메이커가 베린저 운석구의 비밀을 밝힌 후로 사람들은 이와 비슷한 사건이 또 발생할 가능성에 촉각을 곤두세우기 시작했다. 1990년대에 발사된 우주탐사선들은 지구 근처를 배회하는 혜성과 소행성의 궤도가 지구의 공전궤도와 교차할 가능성을 계속 추적하고 있는데, NASA는 사람들의 동요를 막기 위해 "지구 근처를 지나갈 가능성이 있는 천체를 탐사할 뿐이다"라는 완곡한 표현을 사용하고 있다.

목성은 멀리 있는 소행성 및 그와 유사한 천체들에게 막강한 영향력을 행사하고 있다. 목성에서 공전궤도 방향으로 60°각도를 이루는 지점과 그 반대쪽으로 60°각도를 이루는 지점에서는 태양과 목성의 중력이 균형을 이루기 때문에 이 지역에 소행성이 밀집되어 있다. 여기에 약간의 기하학을 이용하면 소행성들이 목성과 태양으로부터 각각 5.2AU만큼 떨어져 있음을 확인할 수 있다. 이 지점을 '라그랑주점 Lagrangian point'이라 하고, 여기에 속박되어 있는 소행성들을 '트로이 소행성 Trojan asteroid'이라 하는데 자세한 내용은 다음 장에서 설명할 예정이다.

목성은 지구로 다가오는 혜성의 궤도를 변형시키는 역할도 하고 있다. 대부분의 혜성은 명왕성보다 훨씬 멀리 떨어져 있는 카이퍼 띠에 속해 있는데 이 중 과감하게 목성에 접근하는 혜성은 강력한 중력에 휘말리면서 궤도에 커다란 변화가 생긴다. 목성이 없었다면 지구는 혜성의 공격을 여러 차례 받았을 것이다. 실제로 태양계의 바깥에 혜성이 밀집되어 있는 오르트 성운 Oort Cloud (덴마크의 천문학자 얀 오르트 Jan Oort가 최초로 가설을 만들어 그의 이름이 붙었다)은 목성에 의해 궤도변형을 일으키는 카이퍼 띠의 혜성들로 구성되어 있을 가능성이 높다. 오르트 성운의 혜성들 중에는 그 궤도가 가장 가까운 별의 반까지 도달하는 것도 있다.

행성의 달(위성)은 어떤가? 화성의 달인 포보스 Phobos 와 데이모스 Deimos 는 감자처럼 울퉁불퉁하게 생긴 것이 꼭 소행성을 닮았다. 반면에 목성은 얼음으로 덮여 있는 여러 개의 위성을 거느리고 있다. 그렇다면 이들을 혜성으로 분류해야 할까? 명왕성의 위성 중 하나인 카론 Charon 은 명왕성과 크기가 거의 비슷하며, 둘 다 얼음으로 덮여 있다.

따라서 이들은 '행성과 위성'이라기보다 '이중혜성 double comet'에 가깝다고 할 수 있다. 물론 명왕성은 지구인들이 자신을 어떤 이름으로 부르건 개의치 않을 것이다.

그 동안 쏘아 올린 우주탐사선들은 10여 개의 혜성과 소행성을 관찰하면서 소중한 정보를 지구로 전송해 오고 있다. 이 임무를 수행한 최초의 우주선은 승용차 크기만 한 미국의 니어 슈메이커호 NEAR Shoemaker(NEAR는 Near Earth Asteroid Rendezvous의 약자임)였는데 우연히도 2001년 밸런타인데이 바로 전날(2월 13일)에 '에로스 Eros'라는 소행성을 방문하여 세간의 화제가 되었다. 한 시간당 6.4km의 속도로 에로스에 착륙한 니어 슈메이커호는 놀랍게도 모든 기계장치가 완벽하게 작동하여 지구에 있는 관제사들을 감탄시켰다. 이때 전송해 온 정보 덕분에 행성지질학자들은 직경 33.8km짜리 에로스 소행성이 잡석 덩어리가 아니라 분화되지 않은 채 단단하게 굳은 천체임을 확인할 수 있었다.

그 후 발사된 스타더스트호 Stardust는 혜성의 핵을 에워싸고 있는 대기(이를 '코마 coma'라 한다)와 먼지구름을 파고들어 한 다발의 미립자를 채취하는 데 성공했다. 이 우주계획의 목적은 우주공간에 떠도는 먼지의 성분을 손상 없이 채취하여 성분을 분석하는 것이었는데 NASA는 에어로젤 aerogel 이라는 기발한 물질을 개발하여 입자포획장치로 사용했다. 에어로젤은 마른 실리콘을 스펀지처럼 꼬아 놓은 물질로서 초음속으로 움직이는 입자가 여기에 충돌하면 서서히 속도가 감소하다가 멈추게 된다. 이런 입자가 야구 글러브나 이와 비슷한 도구와 충돌한다면 갑자기 멈추면서 증발해 버릴 것이다. 스타더스트호는 채취한 샘

플을 캡슐에 저장하여 지구로 전송했고 이 캡슐은 2006년 1월 15일 유타 주 사막에서 성공적으로 수거되었다.

유럽우주기구도 혜성과 소행성을 탐사하고 있다. 총 12년에 걸친 임무를 띠고 발사된 로제타호Rosetta는 하나의 혜성을 2년 동안 집중적으로 관측한 후 소행성 주 벨트로 이동하여 1~2개의 소행성을 추가로 관측할 예정이다.

최근 발사된 우주탐사선은 태양계의 생성 및 진화과정과 태양계의 구성물질 그리고 소행성의 충돌 때문에 생명체가 지구로 전이되었을 가능성과 지구 근처에 있는 천체들의 구체적인 크기와 모양, 강도 등을 파악하기 위해 지금도 곳곳을 누비고 있다. 항상 그렇듯이 하나의 대상을 제대로 이해하려면 그 자체에 대한 정보보다 그것이 파생되어 나온 모체와의 관계와 아직 밝혀지지 않은 비슷한 사례를 파악하는 것이 훨씬 중요하다. 태양계의 경우 비슷한 사례란 다른 태양계의 발견을 의미한다. 만일 다른 태양계가 발견된다면 과학자들은 제일 먼저 그곳의 행성과 방랑자(혜성, 소행성 등)를 우리의 그것과 비교할 것이다. 그래야만 우리의 태양계가 정상적인지 아니면 잘못 운영되고 있는지를 파악할 수 있기 때문이다.

제 9 장

다섯 개의 라그랑주점

지구의 궤도를 벗어나 우주공간을 여행한 최초의 유인우주선은 아폴로 8호Apollo 8였다. 그런데 이것은 우주탐사의 새로운 지평을 연 획기적인 사건이었음에도 세간에 별로 알려지지 않았다. 탑승했던 승무원이 새턴 5호 로켓의 최종 3단계 분사장치를 가동시키는 순간 사령선은 초속 11.2km로 가속되면서 달을 향해 힘차게 날아가기 시작했다. 이때 지구의 궤도를 벗어나기 위해 전체 연료의 $\frac{1}{2}$이 소모되었다. (아폴로 8호는 달에 착륙하지 않고 달의 주변을 10회 선회한 후 지구로 귀환했다: 옮긴이)

3단계 연료가 점화된 후에는 방향을 조정할 때 빼고 엔진을 사용할 일이 거의 없다. 약 40만 km에 달하는 전체 여정 중 90% 지점에 도달했을 때 사령선은 진행방향의 반대로 작용하는 지구의 중력이 약해지는 것을 감안하여 서서히 속도를 늦췄다. 그런데 달에 가까이 접근할수록 달의 인력은 점차 강해지기 때문에 지구의 중력과 달의 중력이 정확하게 상쇄되는 평형점이 어딘가에 존재한다. 그래서 사령선이 이 근처를 지날 때 속도가 다시 한 번 빨라지기 시작했다. 달의 중력이 사령선을 가속시킨 것이다.

중력만을 고려한다면 이 평형점은 단 하나밖에 존재하지 않을 것이다. 그러나 지구와 달은 '공통 질량중심'에 대하여 서로 공전하고 있으며 이 질량중심은 두 천체의 중심을 연결한 직선상에 놓여 있다. 그리고 임의의 물체가 원운동을 할 때에는 운동반경의 크기와 속도에 상관없이 항상 중심으로부터 멀어지는 방향으로 힘이 작용하는데 이 힘을 '원심력centrifugal force'이라 한다. 독자들은 자동차를 타고 급회전을 할 때나 놀이공원에서 회전하는 놀이기구를 탈 때 몸에 작용하는 원심력을 종종 느꼈을 것이다. 옛날 놀이공원에는 가장자리에 벽을 두른 커다란 회전접시가 있었다. 여기에 사람을 태우고 접시를 빠르게 회전시키면 사람들은 한결같이 벽에 등을 대고 비명을 지르곤 했다. 회전속도가 빠를수록 사람의 몸은 벽을 향하여 더욱 강하게 밀착되고 속도가 최고조에 이르면 몸을 움직이는 것조차 어려워진다. 마치 회전접시 전체를 세로로 세워 놓고 무언가가 위에서 짓누르는 듯한 착각이 들 정도이다. 나는 어린 시절 이 기구를 탔을 때 원심력이 너무 강해서 손가락도 움직일 수 없었다. 마치 내 몸이 벽을 강한 힘으로 짓누르는 듯한 느낌이었다.

놀이기구의 벽에 등을 기대고 얼굴을 옆으로 돌리면 입에서 나온 구토물이 접선 방향으로 날아가는 광경을 보게 될 것이다. 또는 구토물이 벽에 들러붙을 수도 있다. 얼굴을 옆으로 돌리지 않는다면 구토를 하기도 어려울 것이다. 원심력이 구토물의 분출을 방해하는 방향으로 작용하기 때문이다(이 정도로 사람을 괴롭히는 놀이기구는 아직 본 적이 없다. 아마도 법에 저촉되기 때문인 것 같다).

원심력은 한 번 움직이기 시작한 물체가 등속 직선운동을 계속하려는 성질(관성) 때문에 나타나는 힘이다. 따라서 원심력은 실제로 존재하는 힘이 아니지만 마치 존재하는 것처럼 취급하면서 모든 계산을 수행할 수 있다. 18세기 프랑스의 위대한 수학자였던 조제프 루이 라그랑주 Joseph Louis Lagrange(1736~1813)는 이런 식의 계산을 통해 지구와 달의 중력과 원심력이 정확하게 평형을 이루는 다섯 개의 지점을 찾아냈다. 이것이 바로 8장의 끝 부분에서 잠시 언급된 '라그랑주점 lagrange point'이다.

라그랑주의 첫 번째 점(L1이라 한다)은 순수한 중력 평형점에서 지구 쪽으로 조금 이동한 곳에 위치하고 있다. 이곳에 놓인 물체는 중력중심의 주변을 달과 같은 주기로 공전하게 되며 외부에서 강제로 힘을 가하지 않는 한 지구와 달을 연결한 선을 벗어나지 않는다. L1에서 모든 힘이 상쇄되긴 하지만 다소 불안한 평형점이라 할 수 있다. L1에 놓인 물체를 옆으로 조금 이동시키면 세 개의 힘이 협동하여 물체를 원래의 위치로 되돌려 놓지만 이 물체를 지구 쪽으로(또는 지구의 반대쪽으로) 조금 이동시키면 그 방향으로 계속 이동하여 평형점을 영원히 벗어나 버린다. 이것은 날카로운 산꼭대기에 놓인 공을 어느 한쪽으로 밀었을 때 나타나는 현상과 비슷하다. 한 번 구르기 시작한 공은 결코 원위치로 되돌아오지 않는다. 이런 지점을 물리학 용어로 '불안정평형점 unstable equilibrium'이라 한다.

라그랑주의 두 번째 점 L2와 세 번째 점 L3도 지구와 달을 연결한 직선상에 놓여 있지만 L2는 달 쪽에 가깝고 L3은 지구 쪽에 가깝다. L1과 마찬가지로 L2와 L3에서도 세 개의 힘(지구의 중력, 달의 중력, 원심력)이 평형을 이루고 있으며 이 지점에 놓인 물체는 L1의 경우와 마찬가지로 달의 공전주기와 동일한 주기로 지구-달의 질량중심 주변을 공전하게 된다.

L1을 날카로운 산꼭대기에 비유했던 것처럼 L2와 L3도 산꼭대기와 비슷한 불안정 평형점이다. 그러나 L2와 L3은 산꼭대기가 날카롭지 않고 비교적 평평한 편이다. 그래서 당신을 태운 우주선이 이 지점에 있을 때 무언가가 지구나 달 쪽으로 우주선을 밀었다 해도 약간의 연료를 소모하면 원위치로 되돌아올 수 있다.

L1, L2, L3도 나름대로 의미가 있지만 가장 중요한 라그랑주점은 L4와 L5이다. 이들 중 하나는 지구와 달의 중심을 잇는 선에서 오른쪽으로 멀리 벗어나 있고 다른 하나는 왼쪽으로 멀리 벗어나 있다. 그리고 지구-달-L4와 지구-달-L5는 각각 이등변삼각형의 꼭짓점을 이룬다.

L1, L2, L3와 마찬가지로 L4와 L5에서도 모든 힘은 평형을 이룬다. 그러나 불안정한 평형을 유지하고 있는 다른 라그랑주점과 달리 L4와 L5는 안정된 평형점이다. 즉, 이 지점에 놓인 물체를 임의의 방향으로 밀어도 멀리 벗어나지 않고 다시 제자리로 돌아온다. 이것은 계곡 바닥에 놓인 공을 산등성이로 아무리 밀어도 다시 굴러 떨어지는 것과 같은 이치이다.

라그랑주점과 정확하게 일치하지 않고 그 근방에 놓여 있는 물체는 평형점을 중심으로 진동하게 되는데 이 현상을 '칭동 libration (秤動)'이라고 한다(지구 상의 한 지점에서 축하주 libation 를 마시고 눈앞이 흔들거리는 현상과 혼동하지 않도록 주의!). 이것은 언덕을 굴러 내려온 공이 계곡 바닥에서 오락가락하는 현상과 비슷하다.

L4와 L5는 궤도학적으로 흥미를 끌 뿐만 아니라 우주공간에 식민지를 개척할 수 있는 특별한 지점이기도 하다. 도시건설에 필요한 자재를 일단 이 지점에 갖다 놓으면 분실될 염려가 없기 때문에 추가 자재를 싣고 다시 돌아와서 느긋하게 식민지를 건설할 수 있다(지구인뿐만 아니라 달이나 다른 행성에 사는 우주인들도 이와 동일한 건설계획을 추진할 수 있다). L4와 L5는 모든 힘이 균형을 이루는 '안정된 평형점'이므로 건설자재를 아무리 많이 갖다 놓아도 다른 곳으로 이동하지 않는다. 이 장점을 잘 활용하면 수십 km에 이르는 우주정거장도 건설할 수 있다. 그리고 우주정거장 전체를 빠른 속도로 회전시켜서 지구에서의 중력과 동일한 원심력을 만들어 내면 이곳에 사는 거주민들은 지구에서 살 때와 동일한 중력을 느끼며 동일한 생체리듬을 유지할 수 있다(24시간을 주기로 낮과 밤이 바뀌도록 인공조명도 설치해야 한다). 우주개발에 모든 열정을 쏟아 붓고 있는 키스 헨슨Keith Henson과 캐럴린 헨슨Carolyn Henson은 위와 같은 목적으로 1975년 8월에 'L5 소사이어티 L5 Society'를 설립했는데, 이 단체는 프린스턴대학교의 물리학자이자 우주개발에 각별한 관심을 갖고 있는 제라드 오닐Gerard K. O'Neill 덕분에 세상에 알려지게 되었다. 오닐은 1976년에 발표한 그의 저서 『우주의 식민지 Human Colonies in Space』를 통해 우주공간에 인간의 거주지를 개척하자는 주장을 펼쳐 세간의 관심을 끌었다. 그 후 1987년에 L5 소사이어티는 미국우주기구National Space Institute와 통합되어 '미국 우주 소사이어티 National Space Society'라는 이름으로 활동을 계속하고 있다.

칭동지점에 거대한 구조물을 건설한다는 아이디어는 1961년에 발표된 아서 클라크Arthur C. Clarke의 소설 『달 먼지의 추락A Fall of Moondust』에서 처음으로 등장했다. 행성의 특수한 궤도에 대하여 잘 알고 있었던 클라크는 지구의 자전주기(24시간)와 동일한 속도로 공전할 수 있는 위성의 정지궤도를 1945년에 4쪽에 걸쳐 최초로 계산함으로써 이 분야에 이름을 남겼다. 이 궤도에 떠 있는 위성은 지구에서 볼 때 하늘에 정지해 있는 것처럼 보이기 때문에(그래서 '정지궤도'라고 부른다), 라디오를 비롯한 전파통신의 매개체로 가장 이상적이라 할 수 있다. 현재 지구의 정지궤도에는 수백 개의 통신위성이 각자 위치를 지키며 다양한 임무를 수행하고 있다.

이 마술 같은 지점은 과연 어디에 위치하고 있을까? 저궤도에 떠 있는 허블망원경Hubble Space Telescope이나 국제우주정거장International Space Station은 지구를 한 바퀴 도는 데 약 90분이 소요되고 이들보다 훨씬 멀리 있는 달은 지구를 한 바퀴 공전하는 데 1개월이 걸린다. 따라서 이들 사이 어딘가에는 지구를 한 바퀴 도는 데 24시간이 소요되는 궤도가 분명히 존재할 것이다. 간단한 계산을 통해 이 궤도가 지표면에서 약 35,400km 상공에 있다는 것을 알 수 있다.

사실 지구-달로 이루어진 계에는 특별한 것이 전혀 없다. 태양-지구로 이루어진 계에도 다섯 개의 라그랑주점이 존재한다. 그 중에서 특히 L2점은 천체물리학적 위성들이 가장 선호하는 지점이다. 태양-지구계의 라그랑주점은 지구시간으로 1년에 한 번씩 태양-지구의 질량중심 주변을 공전하고 있다. 지구에서 태양의 반대쪽으로 160만 km 떨어진 지점에 있는 L2에 천체망원경을 설치하면 지구의 방해를 받지 않고 항상 별을 관측할 수 있다. 현재 저궤도에 떠 있는 허블망원경은 지구에 의해 시야의 절반이 가려지기 때문에 '원하는 시간에 원하는 별을 관측하기 어렵다'는 문제점을 안고 있다. 빅뱅의 증거인 우주배경복사를 관측하는 목적으로 2001년 6월에 발사된 WMAP위성 (Wilkinson Microwave Anisotropy Probe; 윌킨슨은 전 프린스턴대학교 교수로서 이 프로젝트의 공동연구자이다)은 2002년에 L2지점에 도착한 후로 지금까지 수년 동안 배경복사와 관련된 데이터를 부지런히 수집하고 있다. 태양-지구계 L2의 불안정 평형점은 지구-달계의 L2보다 비교적 넓은 편이어서 100년 동안은 이 지점에 머물 수 있을 것으로 추정된다.

현재 NASA는 허블망원경의 뒤를 이을 후보로서 1960년대 NASA의 최고책임자 제임스 웹의 이름을 딴 제임스 웹 망원경 James Webb Telescope을 제작하고 있는데 이것도 완성되면 L2지점에 띄울 예정이다. 방금 말한 대로 L2 평형점은 물리적으로 불안정하긴 하지만 평형을 유지하는 영역이 비교적 넓기 때문에(수만 km²) 제임스 웹 망원경이 투입된 후에도 다른 위성이나 관측장비가 들어갈 공간은 충분하다.

NASA에서 발사한 또 하나의 위성 제니시스호 Genesis 는 태양-지구계의 L1지점 근처에서 칭동(秤動)하고 있다(L1은 지구에서 태양 쪽으로 160만 km 전진한 곳에 있다). 태양탐사의 임무를 띠고 발사된 제니시스호는 이 지점에서 지난 2년 반 동안 줄곧 태양을 바라보며 태양풍에 날려 온 원자와 분자 등 원시태양의 구성성분을 채집해 왔고 수집된 자료는 혜성탐사선 스타더스트가 보내온 자료와 함께 과학자들에 의해 분석되고 있다. 이 프로젝트가 완료되면 태양계를 형성한 먼지구름의 정체가 좀 더 분명하게 드러날 것이다.

앞서 언급한 대로 L4와 L5는 안정된 평형점이다. 따라서 우주의 온갖 쓰레기가 이곳에 집중되어 지구인의 우주개발계획에 지장을 줄 수도 있다. 실제로 라그랑주는 태양-목성계의 L4, L5지점에 우주의 이물질이 몰려 있을 것으로 추정했는데 그로부터 100년이 지난 1905년에 이 지점에서 최초의 트로이 소행성이 발견되었다. 현재 태양-목성계의 L4와 L5점에서 발견된 소행성은 수천 개에 달하며 이들은 목성을 앞서가거나 뒤따라가면서 목성과 동일한 주기로 태양주변을 공전하고 있다. 목성이나 태양이 사라지지 않는 한 이 소행성들은 마치 견인장치에 매달린 것처럼 지금의 궤도를 영원히 유지할 것이다. 물론 태양-지구계와 지구-달계의 L4와 L5에도 우주 쓰레기가 축적되어 있지만 충돌을 염려할 정도는 아닌 것으로 확인되었다.

라그랑주점에서 출발하여 다른 라그랑주점이나 다른 행성으로 이동할 때 중력을 적절히 이용하면 연료를 크게 절약할 수 있다. 행성의 표면에서 우주선을 쏘아 올릴 때에는 수직방향으로 작용하는 중력을 극복하기 위해 연료의 대부분을 써 버리지만 라그랑주점에서 우주선을 발사하는 경우에는 해안에 정박한 배가 출발할 때 서서히 미끄러져 나가는 것처럼 소량의 연료만으로 목적을 달성할 수 있다. 그래서 요즘 과학자들은 라그랑주점을 우주식민지로 개척하는 것보다 '태양계로 진출하는 입구'로 개발할 것을 권하고 있다. 태양-지구계의 라그랑주점에서 화성까지의 거리는 지구-화성 사이 거리의 반밖에 되지 않을 뿐더러 출발시 소모되는 연료도 크게 줄일 수 있기 때문에 여러모로 효율적이라는 것이다.

미래에는 태양계의 곳곳에 흩어져 사는 친구와 친척을 방문할 때 각

행성의 라그랑주점을 연료의 중간 공급지로 활용하게 될지도 모른다. 언뜻 듣기에는 공상과학소설 같지만 원리를 따지고 보면 그다지 불가능한 이야기도 아니다. 만일 지구 상에 주유소가 전혀 없다면 당신의 자동차는 새턴 5호에 맞먹는 양의 연료를 싣고 다녀야 한다. 그러면 자동차의 대부분은 연료가 차지하게 될 것이고 연료의 대부분은 '아직 소모되지 않은(연료탱크에 들어 있는) 연료'를 실어 나르는 데 소비된다. 이 얼마나 비효율적인가! 우리 지구인들은 자동차를 이런 식으로 운용하지 않는다. 우주여행이 자동차여행처럼 일반화되면 우주정거장(주유소)도 반드시 필요할 것이고 그때가 되면 라그랑주점이 숨은 잠재력을 십분 발휘하게 될 것이다.

제 10 장

물질과 반물질

누군가가 나에게 물리학에서 가장 장황하고 코믹한 분야를 꼽으라고 한다면 나는 주저 없이 입자물리학을 꼽을 것이다. "음의 뮤온과 뮤온뉴트리노 사이에 중성벡터 보손boson이 교환된다"는 희한한 소리를 입자물리학 말고 또 어떤 분야에서 들을 수 있겠는가? 뿐만 아니라 "야릇한 쿼크strange quark와 맵시 쿼크charmed quark가 글루온gluon을 교환하고 있다"는 등 깊이 들어갈수록 표현은 점입가경이다. 그 많은 입자에 붙어 있는 희한한 이름만으로도 머리가 아플 지경인데 모든 입자는 각자의 파트너에 해당되는 반입자antiparticle까지 갖고 있다. 특히 반입자들만으로 이루어진 물질을 반물질antimatter이라 한다. 반물질은 공상과학소설의 단골메뉴로 등장하고 있지만 사실은 허구가 아닌 현실세계에 존재하는 물질이다. 물질과 반물질이 만나면 에너지를 방출하고 무(無)로 사라져 버린다.

물질과 반물질은 참으로 특이한 관계를 맺고 있다. 이들은 순수한 에너지로부터 동시에 탄생할 수도 있고, 둘이 합쳐지면 마치 동반자살이라도 하듯이 갖고 있는 질량을 몽땅 에너지로 전환하고 함께 소멸되기도 한다. 1932년에 미국의 물리학자 칼 데이비드 앤더슨Carl David Anderson은 전자의 반입자인 양전자(전자의 반입자. 양전하를 띠고 있다는 것만 빼고는 모든 물리적 성질이 전자와 동일하다)를 최초로 발견하여 반입자연구의 첫 장을 장식했다. 그 후로 세계 각지의 입자가속기에서 수많은 종류의 반입자를 발견해 왔으나, 순수하게 반입자만으로 원자(사실은 반원자)를 만들어낸 것은 극히 최근의 일이다. 독일 윌리히Jülich에 있는 핵물리학 연구소의 발터 윌러트Walter Oelert가 이끄는 국제연구팀은 반양성자의 주변에 반전자가 속박되어 있는 반수소원자antihydrogen atom를 만들어 내는 데 성공했다. 이들의 연구는 스위스 제네바에 있는 입자물리학의 메카, 유럽입자물리연구소European Organization for Nuclear Research(CERN이라는 이름으로 더 유명하다)에서 이루어졌다.

방법은 아주 간단하다. 입자가속기를 이용하여 반전자와 반양성자를 한 다발씩 생성시킨 후 적절한 온도와 밀도 하에서 이들을 섞어 놓고 알아서 결합해 주기를 기다리면 된다. 윌러트 팀은 첫 실험에서 이 방법으로 아홉 개의 반수소원자를 만드는 데 성공했다. 그러나 일상적인 물질을 이루고 있는 원자들과 비교할 때, 반원자의 수명은 너무나도 짧았다. 이때 만들어진 반수소원자는 40나노 초(1억 분의 4초)만에 일상적인 원자와 만나면서 장렬하게 소멸되었다.

반전자의 발견을 평가한다면 '현대 이론물리학의 승리'라는 한마디로 요약할 수 있다. 영국출신의 물리학자 폴 디랙Paul A. M. Dirac이 반전자의 존재를 이론적으로 이미 예견했기 때문이다. 디랙은 전자의 에너지를 서술하는 방정식을 유도한 후 두 가지 가능한 해('양의 해'와 '음의 해')를 제안하였는데 이 중 양의 해는 이미 알려져 있는 전자의 특성과 일치했다. 그러나 음의 해는 이론상으로만 존재할 뿐, 여기 대응되는 입자가 현실세계에 존재하지 않는 것처럼 보였다.

방정식의 해가 두 개 존재하는 것은 흔히 있는 경우이다. 가장 간단한 예를 들어 보자. "자신을 제곱했을 때 9가 되는 수는 무엇인가?" 답은 3인가? 아니면 -3인가? 둘 다 옳은 답이다. $3 \times 3 = 9$이고 $(-3) \times (-3) = 9$이기 때문이다. 물론 방정식의 모든 해에 현실세계의 사건이 일일이 대응한다는 보장은 없다. 그러나 물리현상을 수학적으로 서술한 모형에 아무런 하자가 없는 한 방정식을 교묘하게 다루는 것은 우주 자체를 교묘하게 다루는 것만큼 유용하다(뿐만 아니라 다루기도 훨씬 쉽다!). 디랙의 반물질에서 알 수 있듯이, 물리학을 수학으로 풀다 보면 '확인 가능한 예측'이 등장하게 되고 이 예측을 실험으로 확인할 수 없다면 이론 자체를 폐기해야 한다. 어떤 물리적 결과가 얻어지건 간에 수학적 모형은 당신이 내린 결론의 논리적 타당성을 뒷받침하고 있다.

1920년대에 집중적으로 개발된 양자물리학은 원자 및 그 이하의 미시세계에서 일어나는 현상을 설명하는 이론이다. 디랙은 그 무렵에 새로 확립된 양자법칙을 이용하여 '다른 세계'에 존재하는 도깨비 전자가 가끔씩 전자의 모습을 한 채 우리가 사는 세계로 튀어나오고 있으며 그 결과 음에너지의 바다에 구멍이 생긴다고 가정하였다. 그리고 이 구멍을 관측하면 양으로 대전된 반전자(또는 '양전자positron'라고도 한다)가 관측된다고 주장했다.

아원자입자는 관측 가능한 여러 가지 특성을 갖고 있는데 이 중 어떤 특성이 정반대의 값을 가질 수도 있다면 반입자가 바로 그 반대 값을 갖는다. 물론 그 외의 특성은 원래의 입자(파트너)와 완전히 동일하다. 가장 분명한 사례로 전기전하를 들 수 있다. 서로 반입자의 관계에 있는 양전자와 전자는 전기전하만 서로 부호가 반대이고 다른 물리적 특성들은 쌍둥이처럼 똑같다. 양성자proton와 반양성자antiproton도 전하만 반대이고 다른 특성들은 완전히 같다.

믿거나 말거나 전기전하가 아예 없는 중성자neutron도 반입자 짝을 갖고 있다. 이 입자의 이름은 (이미 짐작했겠지만) 반중성자antineutron이다. 반중성자는 중성자와 마찬가지로 전하가 0이지만 0을 이루는 구성방식이 중성자와 정반대이다. 중성자를 이루는 세 개의 쿼크quark의 전하는 $-\frac{1}{3}, -\frac{1}{3}, \frac{2}{3}$인 반면 반중성자를 이루는 세 개의 쿼크는 각각 $\frac{1}{3}, \frac{1}{3}, -\frac{2}{3}$의 전하를 갖고 있다. 이들을 모두 더하면 0이지만 역시 반입자답게 구성원소의 전하가 정반대이다.

반물질은 엷은 공기 속에서 갑자기 튀어나오는 것처럼 보인다. 강한 에너지를 갖고 있는 한 쌍의 감마선이 적절한 환경에서 상호작용을 교환하면 느닷없이 전자-양전자 쌍이 탄생한다. 즉 다량의 에너지가 미세한 질량으로 전환된 것이다. 이 과정에서 에너지와 질량의 상호관계는 1905년에 아인슈타인이 발표했던 그 유명한 공식에 의해 결정된다.

$$E = mc^2$$

위의 식을 일상적인 언어로 변환하면 다음과 같다.

에너지 = (질량) × (빛의 속도)^2

그래도 선뜻 이해가 안 가는 독자들을 위해 좀 더 평범한 단어로 바꿔 보자.

에너지 = (질량) × (엄청나게 큰 수)^2

디랙의 해석에 따르면, 감마선이 음의 에너지 영역에 있는 전자 하나를 걷어차서 이 세계에 일상적인 전자가 생성되고 음의 에너지 영역에는 전자구멍이 생긴다. 이 과정은 역으로 일어날 수도 있다. 즉 입자와 반입자가 충돌하면 감마선을 방출하면서 사라진다. 이때 사라진 입자는 '구멍을 메우러' 되돌아갔다고 생각할 수 있다. 참고로 감마선은 인체에 해롭기 때문에 가능하면 피하는 것이 좋다. 증거를 직접 보고 싶은가? 그렇다면 '두 얼굴의 사나이' 헐크가 초록색 거인으로 변하는 과정을 떠올려 보라. 그는 인간의 잠재능력을 끄집어내는 실험을 하다가 불의의 사고로 감마선을 과다하게 쬐는 바람에 그 지경이 되었다!(물론 이것은 저자의 농담이다 : 옮긴이)

만일 당신이 집에서 어떻게든 한 뭉치의 반입자를 가내수공업으로 만드는 데 성공했다면 당장 문제가 발생할 것이다. 애써 만든 반물질을 대체 어디에 보관해야 하는가? 밀폐된 용기 속에 넣겠다고? 어림없는 소리다. 이 세상의 모든 용기는 입자로 이루어져 있고 반입자는 입자와 만나는 즉시 감마선을 방출하면서 사라져 버리기 때문이다. 그래서 물리학자들은 강한 자기장이 걸려 있는 빈 공간에 반입자를 보관한다. 호리병 모양으로 형성된 자기장 속에 전하를 띤 입자(또는 반입자)를 집어넣으면 자기장이 보호벽 역할을 하면서 입자와의 접촉을 막아 준다. 이 '자기호리병'은 (제어된) 핵융합실험에서 1억 도까지 달궈진 기체입자를 보관할 때도 요긴하게 사용된다. 그러나 반입자가 아닌 반원자를 만들었다면 자기호리병도 다 소용없다. 반원자는 원자와 마찬가지로 총 전하가 0이기 때문에 자기장벽에 가둘 수 없다. 따라서 양전자(반전자)와 반양성자를 따로 자기호리병에 보관하는 수밖에 없다.

물질과 반물질을 소멸시켜서 에너지를 얻으려면 최소한 무(無)의 상태에서 반물질이 생성될 수 있을 정도의 에너지가 투입되어야 한다. TV시리즈 「스타트렉 Star Trek」을 보면 물질과 반물질을 충돌/소멸시키면서 생성되는 에너지로 우주선을 추진하는 장면이 자주 등장하는데 제작진들이 이 사실을 알고 있는지 궁금하다. 어쨌거나 커크선장이 물질-반물질 추진장치의 출력을 더 높이라고 명령하면 스코티는 이렇게 대답하곤 한다. "그러면 엔진이 배겨 내지 못합니다!"

이론적으로는 다를 이유가 없지만 수소원자와 반수소원자의 물리적 특성이 정말로 동일한지는 아직 확인되지 않았다. 확인해야 할 특성은 여러 가지가 있지만 그중에서 다음 두 가지 사항이 가장 중요하다. (1) 반양성자에게 붙들려 있는 양전자는 기존의 양자역학 법칙을 그대로 따르고 있는가? (2)반원자는 과연 기존의 중력과 다른 반중력 antigravity을 행사할 것인가? 원자적 규모에서 입자들 사이에 작용하는 중력은 엄청나게 작기 때문에 입자의 운명은 주로 원자력과 핵력에 의해 좌우된다. 따라서 중력 효과를 관찰하려면 테이블이나 의자와 같이 거시적인 크기의 반물질을 만들 수 있을 만큼 충분한 양의 반원자가 확보되어야 한다. 반물질 당구공으로 진행되는 반-당구경기는(물론 당구대와 큐도 반물질로 되어 있다) 일상적인 당구경기와 동일한 양상으로 진행될 것인가? 반-당구공이 바닥으로 추락할 때, 기존의 당구공과 동일한 가속도로 떨어질 것인가? 반-항성(별)의 주변을 공전하는 반-행성은 일상적인 태양계와 같은 법칙을 따를 것인가?

철학적인 관점에서 볼 때 나는 거시적 크기의 반물질이 일상적인 물질과 동일한 특성(중력, 충돌문제 등)을 갖고 있을 것이라고 생각한다. 만일 이것이 사실이라면 거대한 반-은하가 우리의 은하계와 충돌하려고 다가올 때 그것이 은하인지, 혹은 반-은하인지를 미리 알 방법이 없다. 충돌이 일어나기 시작하면 물질이 에너지로 사라지는지, 아니면 사방으로 다시 튀는지를 관측하여 물질 ― 반물질의 여부를 확인할 수 있겠지만 그때가 되면 이미 탈출은 물 건너간 후일 것이다. 그러나 다행히도 우리가 살고 있는 우주에서 이런 끔찍한 사건이 일어날 가능성은 별로 없다. 예를 들어 태양 크기만 한 반-항성(반입자수 = 약 10^{57}개)이 비슷한 크기의 항성과 충돌하면서 소멸된다면 1억 개의 은하에 속해 있는 모든 별이 방출하는 빛을 더한 만큼의 빛이 한 순간에 방출된다. 그런데 인류가 천문관측을 시작한 이후로 지금까지 이런 엄청난 빛이 관측된 적은 단 한 번도 없었다. 따라서 이 우주에는 일상적인 물질이 반물질보다 훨씬 많다고 할 수 있다. 다시 말해서 은하 간 여행을 할 때 반물질을 만나 소멸될 위험은 거의 없다는 뜻이다.

이 우주는 아직도 심각한 불균형 상태에 있다. 우주가 처음 생성되던 무렵에 모든 반입자는 자신의 파트너인 입자를 찾아 결합하면서 에너지가 되었다. 그러나 지금 남아 있는 입자들은 반입자 파트너가 없어도 나름대로 행복한 것 같다. 이 불균형을 해소할 만한 '반물질 집합소'가 우주 어딘가에 숨어 있는 것일까? 우주의 초창기에 물리법칙이 '물질〉반물질'이라는 부등식을 허용했던 것일까? 아니면 우리가 모르는 법칙이 따로 적용된 것은 아닐까? 이 의문은 영원히 풀리지 않을지도 모른다. 아무튼 미래의 어느 날 당신 집 앞마당에 착륙한 우주인이 인사를 나누려고 손(또는 다른 촉수)을 내민다면 당장 응하지 말고 일단 야구공이나 돌멩이를 그의 손에 쥐어 주는 것이 좋다. 만일 야구공이 폭발하면서 사라진다면 우주인의 몸은 반물질이므로 무조건 도망가는 것이 상책이다. 물론 아무 일도 일어나지 않으면 당신의 이름은 역사에 길이 남을 것이다!

3 부

자연의 운영방식

자연은 호기심 많은 인간 앞에서 자신의 모습을
어떤 식으로 보여 주고 있는가?

제11장

'한결같음'의 중요성

대부분의 사람은 '한결같다constant'라는 말을 들으면 부부사이의 정절이나 재정적인 안정을 떠올릴 것이다. 개중에는 "변화야말로 우리 인생에서 가장 한결같이 일어나는 사건이다!"라며 반론을 펼치는 사람도 있을 것 같다. 그런데 우주도 나름대로 한결같은 특성을 갖고 있다. 자연에 존재하는 어떤 특정한 양은 예나 지금이나 동일한 값을 유지하고 있으며 바로 이것이 과학이라는 학문을 가능케 하는 원동력이다. 시간이 흘러도 변하지 않는 값을 '상수constant'라고 하는데 이 중에는 물리적으로 심오한 의미를 띠는 것도 있고 수학을 통해 도입된 '단순한 숫자'도 있다. 물론 후자에 속하는 상수도 우주의 운영방식을 부분적으로 반영하고 있다.

상수 중에는 그 특성이 국소적이고 제한적이어서 단 하나의 객체나 특정 그룹에만 적용되는 것도 있다. 그러나 근본적인 상수는 우주 전역의 시간과 공간, 물질, 에너지 등에 공통적으로 적용되며 바로 이러한 상수 덕분에 과학자들은 우주의 과거와 미래를 이해하고 예견할 수 있다. 지금까지 발견된 근본적 상수는 그리 많지 않은데 가장 중요한 세 가지를 꼽는다면 진공에서 빛의 속도와 뉴턴의 중력상수 그리고 양자역학과 하이젠베르크의 불확정성원리에 등장하는 플랑크상수를 들 수 있다. 그 외에 각 소립자의 질량과 전기전하도 근본적 상수에 속한다.

우주 안에서 어떤 원인과 결과가 반복된다면 그 과정 속에 상수가 개입되어 있을 가능성이 높다. 그러나 원인과 결과를 관측할 때에는 변하는 것과 변하지 않는 것을 잘 구별하고 무엇이 원인인지를 잘 분석해야 한다. 1990년대에 독일에서는 황새 개체수의 증가율과 신생아의 증가율이 거의 동일하게 나타났다. 그렇다고 해서 황새가 아기들을 각 가정에 배달해 주었을까? 별로 그럴 것 같지 않다.

그러나 상수가 확실하게 존재하고 그 값을 측정하는 데 성공했다면 아직 발견된 적이 없는 장소나 사물 또는 자연현상을 예측할 수 있다.

우주에서 변하지 않는 물리량을 최초로 발견한 사람은 독일의 수학자(가끔은 신비론자로 불리기도 한다) 요하네스 케플러 Johannes Kepler 다. 그는 근 10년 동안 알 수 없는 말만 늘어놓다가 1618년에 엄청난 사실을 발견했다. 행성이 태양주변을 한 바퀴 도는 데 소요되는 시간을 제곱한 값이, 그 행성과 태양 사이의 평균거리를 세제곱한 값에 항상 비례한다는 것이다! 이 놀라운 법칙은 태양계의 행성들뿐만 아니라 은하의 중심을 축으로 회전하는 모든 별과, 은하의 중심부를 축으로 회전하는 모든 은하에도 똑같이 적용된다. 그런데 당시 케플러는 모르고 있었지만 여기에는 어떤 상수가 깊이 개입되어 있었다. 그로부터 70년이 지난 후 뉴턴의 중력법칙이 발견되면서 케플러의 법칙에 중력상수가 관여하고 있다는 사실이 밝혀졌다.

독자들이 학교에서 가장 먼저 배운 상수는 아마도 원주율일 것이다. 순수하게 수학적인 의미를 갖고 있는 이 상수는 18세기 초부터 그리스 문자 'π'로 표기되어 왔다. 다들 알다시피 π는 원의 둘레와 지름 사이의 비율을 의미한다. 다시 말해서 주어진 원의 지름에 π를 곱하면 동일한 원의 둘레(원주의 길이)가 얻어진다는 뜻이다. 그런데 희한하게도 π는 원과 타원의 면적과 특정 입체도형의 부피, 단진자의 주기, 끈의 진동, 전기회로 등을 계산할 때에도 빠지지 않고 등장한다.

π는 자연수가 아니라 무리수이다. 그래서 π를 기법으로 나타내면 소수점 이하의 숫자가 아무런 규칙도 없이 무한히 진행된다. 0부터 9까지 모든 숫자가 적어도 한 번 이상 등장할 때까지 π의 값을 나열하면 3.14159265358979323846264338327950이다. 당신이 어느 시대에 살았건 어디에 살고 있건 국적이나 나이가 어찌되었건 종교가 무엇이건 민주당을 지지하건 또는 공화당을 지지하건 간에, 당신이 계산한 π는 이 우주에 살고 있는 다른 누군가가 계산한 π와 정확하게 같다. 인간은 지금까지 국경을 초월한 적이 단 한 번도 없었고 앞으로도 그렇겠지만, π와 같은 상수는 국경과 아무런 상관이 없다. 바로 이러한 이유 때문에 많은 사람이 "외계인과 대화를 나눌 일이 생겼을 때 범우주적 언어로 수학을 사용하자"고 주장하는 것이다.

앞서 말한 대로 π는 무리수이다. π는 $\frac{2}{3}$나 $\frac{18}{11}$과 같이 분자와 분모가 모두 정수인 분수로 나타낼 수 없다. 그러나 무리수의 존재를 알지 못했던 고대의 수학자들은 π를 $\frac{25}{8}$나(바빌로니아, 기원전 2000년경)

$\frac{256}{81}$ 로 표기했다(이집트, 기원전 1650년경). 그 후 기원전 250년경에 그리스의 수학자 아르키메데스Archimedes는 수많은 기하작도를 거친 후 "원주율의 정확한 값은 알 수 없지만, $\frac{223}{71}$ 과 $\frac{22}{7}$ 사이 어딘가에 있다"고 결론지었다.

성서에 등장하는 π 값은 다소 부정확하다. 솔로몬 왕의 궁전을 건축하는 장면에서 "또 바다를 부어 만들었으니 그 직경이 10큐빗cubit이요, 그 모양이 둥글며…… 주위는 30큐빗 줄을 두를 만하며……(열왕기 상 7장 23절)"이라는 구절이 등장한다. 지름이 10인데 둘레를 30이라고 했으니 π 를 3으로 간주했다는 뜻이다. 그로부터 약 3000년이 지난 1897년에 인디아나 주의회는 지름과 둘레의 비율을 4의 $\frac{4}{5}$ 로 결정한다는 평결을 내렸다. 법으로 정한 원주율이 3.2라는 뜻이다.

9세기에 활동했던 이라크의 위대한 수학자 무하마드 이븐무사 알콰리즈미Muhammad ibn Musa al-Khwarizmi(흔히 말하는 '알고리듬algorithm'은 그의 이름을 딴 용어이다)와 17세기 영국의 뉴턴 등 수많은 수학자가 π 의 정확도를 높이기 위해 꾸준히 노력했다. 물론 현대에 등장한 컴퓨터는 이들의 업적을 단숨에 뛰어넘었다. 21세기에 들어 π 의 값은 소수점 이하 1조 자리까지 계산되었는데 이 정도면 원주율이 무리수라는 데 별 이견이 없을 줄 안다. π 를 물리학에 적용할 때는 소수점 이하 10~20자리로 충분하지만 일부 π −마니아들은 "정말로 숫자가 끝까지 무작위로 나오는지 확인하겠다"는 일념으로 지금도 유효자릿수를 늘려 가고 있다.

뉴턴도 π 의 계산에 일조했지만 수학과 물리학에 남긴 그의 업적에 비하면 그야말로 새 발의 피에 불과하다. 그는 세 가지 운동법칙과 중력법칙을 발견하여 고전물리학의 원조가 되었다. 1687년에 『자연철학의 수학적 원리Philosophiæ Naturalis Principia Mathematica』(줄여서 프린키피아Principia 라고도 한다)라는 제목으로 출판된 그의 이론은 이후 250년 동안 물리학의 권좌를 굳건하게 지켰다.

뉴턴의 『프린키피아』가 출판되기 전만 해도 과학자들은 눈에 보이는 것을 서술하는 데 급급했고 지금 벌어지고 있는 현상이 앞으로도 같은 방식으로 계속되리라는 희망을 갖고 있었다. 그러나 뉴턴의 운동법칙이 알려진 후에는 모든 상황에서 힘과 질량, 가속도의 상호관계를 서술할 수 있게 되었다. '예측가능성'이 드디어 과학의 영역에 도입된 것이다. 과학뿐만 아니라 인간의 삶도 과학의 힘을 빌려 부분적으로 예측할 수 있게 되었다.

뉴턴의 제2법칙은 제1, 제3법칙과 달리 방정식의 형태를 취하고 있다.

$$F = ma$$

이 방정식을 일상적인 언어로 해석하면 다음과 같다. "질량(m)이 있는 물체에 힘(F)을 가하면, 그 물체는 가속운동(a)을 한다." 이번에도 선뜻 이해가 가지 않는 독자들을 위해 좀 더 평이한 문장으로 바꿔 보자. "물체에 강한 힘을 가할수록 가속도가 커진다." 힘의 세기가 두 배로 증가하면 가속도 역시 두 배로 커진다. 이때 물체의 질량은 방정식에서 일종의 '상수' 역할을 한다. 이 상수가 없으면 "가속도는 힘에 비례한다"는 사실만 알 수 있을 뿐 물체에 특정한 세기의 힘이 가해졌을 때 가속도의 구체적인 값을 알 수 없다.

그런데 물체의 질량이 상수가 아니라면 어떻게 될까? 예를 들어, 로 켓은 날아가는 동안 계속해서 연료를 소모하기 때문에 질량이 꾸준하게 감소한다. 이제 누군가가 물체에 질량을 더하거나 빼지 않아도 물체의 질량이 스스로 변하고 있다고 가정해 보자. 아인슈타인의 특수상대성이론에서는 이런 현상이 실제로 일어난다. 뉴턴의 우주에서는 물체의 질량이 '영원히 변하지 않는 상수'로 취급되지만 아인슈타인의 상대론적 우주에서는 물체의 질량이 얼마든지 변할 수 있다. 물론 물체의 정지질량rest mass(뉴턴의 질량과 같은 개념)은 상대성이론에서도 불변이지만 움직이는 물체는 추가질량이 발생하여 전체 질량이 커지는 것이다. 아인슈타인의 세계에서는 가속도의 증가에 대한 저항이 질량의 증가로 나타난다. 그러나 상대론적 효과는 물체의 속도가 거의 광속에 가까워야 눈에 띄게 나타나기 때문에 과학 역사상 가장 뛰어난 천재라는 뉴턴도 이 사실을 인지하지 못했다. 아인슈타인은 자신이 찾아낸 이론 속에서 근본적인 상수(빛의 속도)가 핵심적인 역할을 한다는 것을 잘 알고 있었다.

대부분의 물리법칙이 그렇듯이 뉴턴의 운동법칙도 지극히 평범하고 단순하다. 그러나 중력(만유인력)법칙은 다소 복잡한 구석이 있다. 두 물체(대포알과 지구, 지구와 달, 두 개의 원자, 두 개의 은하 등) 사이에 작용하는 중력의 세기는 이들의 질량과 둘 사이의 거리에만 의존한다. 좀 더 정확하게 말하자면 중력은 두 물체의 질량의 곱에 비례하고 둘 사이의 거리의 제곱에 반비례한다(또는 거리의 역제곱에 비례한다). 이 비례관계는 자연의 독특한 행동방식을 말해 주고 있다. 특정 거리만큼 떨어져 있는 두 물체 사이에 중력 F가 작용한다고 했을 때 거리가 두 배로 멀어지면 중력은 $\frac{F}{4}$가 되고, 세 배로 멀어지면 $\frac{F}{9}$로 줄어든다.

그러나 이 정보만으로는 중력의 정확한 값을 계산할 수 없다. '비례한다'는 관계 이외에 어떤 상수가 추가로 제시되어야 한다. 이것이 바로 그 유명한 중력상수 G이다. 중력 방정식에 익숙한 사람들은 이 상수를 '큰 Gbig G'라는 애칭으로 부르고 있다.

뉴턴은 물체의 질량과 거리에 따라 중력이 어떻게 달라지는지 알아냈지만 중력상수 G만은 결정할 수 없었다. G의 값을 알아내려면 중력방정식에서 상수 G를 제외한 모든 값을 알고 있어야 하는데 뉴턴이 살던 시대에는 거의 불가능한 일이었다. 두 개의 대포알과 이들 사이의 거리는 쉽게 측정할 수 있지만 이들 사이에 작용하는 중력은 너무 작은 값이어서 17세기의 실험장비로는 도저히 관측할 수 없었다. 그렇다면 자구와 대포알 사이의 중력을 관측할 수도 있지 않을까? 물론이다. 이들 사이의 중력이란 곧 대포알의 무게를 의미하므로 간단한 저울만 있으면 쉽게 측정할 수 있다. 그러나 이 경우에는 지구의 질량을 측정해야 하는 새로운 문제에 직면하게 된다. 뉴턴의 중력법칙이 『프린키피아』를 통해 발표된 후로 G의 값이 알려지기까지는 100여 년의 세월을 더 기다려야 했다. 1798년에 영국의 화학자이자 물리학자였던 헨리 캐번디시 Henry Cavendish 는 신뢰할 만한 방법으로 뉴턴의 중력상수 G를 측정하는 데 성공했다.

캐번디시는 납으로 직경 5cm짜리 공을 두 개 만들어서 아령처럼 연결한 후 중심부에 가느다란 실을 묶어서 수직으로 매달았다(아령은 수평방향으로 누워 있다). 그리고 이 모든 장치를 밀폐된 용기 속에 집어넣고 용기의 아래쪽 한 구석에 납으로 만든 직경 30cm짜리 구를 조심스럽게 갖다 놓았다. 그러면 납구와 아령 사이에 중력이 작용하면서 아령을 매달고 있는 줄이 꼬이게 된다. 이런 식으로 측정한 G값은 $m^3/kg \cdot sec^2$ 단위로 0.00000000006754였다.

중력은 너무도 약한 힘이어서 측정하기가 결코 쉽지 않다. 밀폐된 용기 안에서 공기가 조금만 이동해도 중력보다 훨씬 큰 영향을 미치기 때문에 매사에 세심한 주의를 기울여야 한다. 19세기 말에 헝가리의 물리학자 로란드 외트뵈시 Loránd Eötvös 는 캐번디시의 실험장비를 개선하여 좀 더 정확한 G값을 얻어 내는 데 성공했다. 그런데 이 실험은 난이도가 너무 높아서 오늘날에도 재현하기가 쉽지 않다. 외트뵈시는 초인적인 끈기와 섬세함을 발휘했지만 그 결과는 캐번디시의 값에 유효숫자 몇 개를 추가하는 것뿐이었다. 최근 들어 시애틀에 있는 워싱턴대학교의 옌스 군트라흐 Jens H. Gundlach 와 스티븐 메르코비츠 Stephen M. Merkowitz 는 새로운 실험방법을 고안하여 G값을 측정했는데 그 결과는 0.000000000066742였다. 이들의 회고에 따르면 중력을 측정하는 일은 박테리아의 몸무게를 측정하는 것과 비슷한 난이도라고 한다.

일단 G값을 알고 있으면 지구의 질량 등 중력과 관계된 모든 양을 계산할 수 있다. 사실 캐번디시의 실험도 지구의 질량을 측정하는 것이 주된 목표였다. 군트라흐와 메르코비츠가 얻은 G값으로 계산한 지구의 질량은 약 $5.9722 \times 10^{24} kg$이다.

20세기에 발견된 물리상수의 대부분은 원자 규모에서 작용하는 힘과 관련되어 있다. 앞으로 차차 알게 되겠지만 원자세계는 고전적 정확성이 아닌 '확률'에 의해 지배되고 있다. 이 분야에서 가장 중요한 상수는 1900 년에 독일의 물리학자 막스 플랑크Max Planck에 의해 처음으로 도입된 플랑크상수이다. 흔히 h로 표기되는 이 상수는 훗날 양자역학에서 핵심적인 역할을 하게 되지만 플랑크는 양자역학과 다소 거리가 있는 '물체의 온도와 복사에너지 사이의 관계'를 연구하다가 h의 존재를 발견하였다.

물체의 온도는 그 물체를 구성하고 있는 원자와 분자의 운동에너지를 나타내는 척도이다. 물론 여기에는 통계적 과정이 개입되어 있기 때문에 개중에는 평균보다 빠르게 움직이거나 느리게 움직이는 입자도 일부 섞여 있다. 이들의 에너지는 외부를 향해 빛의 형태로 방출되는데 물체의 온도가 높을수록 빛의 강도가 강해진다. 뜨겁게 달궈진 물체가 빛을 발하는 것은 바로 이런 이유 때문이다. 그런데 문제는 이때 방출되는 빛의 강도가 빛의 진동수에 따라 달라진다는 것이다. 다시 말해서 적외선이나 자외선은 소량만 방출되고 가시광선 근처의 빛이 가장 강하게 방출된다(온도가 높아지면 '가장 많이 방출되는 빛의 진동수'는 높은 진동수 쪽으로 이동한다). 왜 그럴까? 이것은 19세기 말의 물리학자들에게 던져진 가장 커다란 수수께끼였다. 특히 그들은 고에너지영역(진동수가 큰 영역)에서 방출되는 빛의 양을 설명해 주는 이론을 찾기 위해 안간힘을 쓰고 있었다.

플랑크는 여러 가지 가능성을 분석한 끝에 다음과 같은 결론을 내렸다. "복사에너지 스펙트럼의 분포를 단 하나의 방정식으로 서술하려면 에너지가 더 이상 나눌 수 없는 미세한 알갱이의 형태로 방출된다고 가정해야 한다."— 바로 '양자quanta'의 개념이 탄생하는 순간이었다.

플랑크가 상수 h를 도입하여 복사에너지 분포를 만족스럽게 설명한 후, h는 다른 물리학 분야에서 수시로 등장하기 시작했다. 특히 빛의 양자적 성질을 설명하려면 h가 반드시 도입되어야 한다. 빛은 진동수가 클수록 더 많은 에너지를 실어 나른다. 그래서 에너지가 가장 큰 감마선은 생명체에게 가장 치명적이며, 진동수가 가장 낮은 전파는 우리의 몸을 수시로 때리고 있지만 아무런 해도 입히지 않는다. 높은 진동수의 빛이 우리에게 해로운 이유는 단 한 가지 "에너지가 크기 때문이다." 그러면 빛의 진동수와 에너지는 어떤 관계인가? 그 답도 아주 간단하다. 그냥 비례하는 관계다. 그렇다면 빛의 에너지와 진동수 사이의 비례관계를 연결해 주는 비례상수는 무엇인가? 그 상수가 바로 플랑크상수 h이다! 중력상수 G가 작은 값이라고 생각하는 사람은 현재 알려진 h의 값을 한 번 감상해 보기 바란다. 그 값은 $kg \cdot m^2/sec$의 단위로 0.000000000000000000000000000000000066260693이다!

1927년에 독일의 물리학자 베르너 하이젠베르크Werner Heisenberg가 제창했던 불확정성원리uncertainty principle에도 플랑크상수 h가 등장한다. 불확정성원리는 측정과정에서 도저히 극복할 수 없는 범우주적 한계를 말해 주는 원리로서 위치와 속도, 에너지와 시간 등 불확정성 관계에 있는 물리량들이 동시에 정확하게 측정될 수 없음을 천명하고 있다. 다시 말해서 한 쌍의 물리량 중 하나(예를 들어 입자의 위치)의 값을 정확하게 결정할수록 나머지 물리량(입자의 속도)의 값을 결정하기가 어려워진다는 뜻이다. 이때 정확도의 한계를 결정하는 것이 바로 플랑크상수이다. 일상적인 규모에서는 불확정성원리의 영향을 거의 받지 않지만 원자 규모의 세계에서는 모든 입자의 운명이 이 원리에 의해 좌우된다고 해도 과언이 아니다.

 다소 모순적으로 들릴 수도 있고 독자들의 기대에 어긋나기도 하겠지만 최근 수십 년 동안 진행된 연구에 따르면 물리적 상수는 영원히 같은 값을 유지하지 않는 것 같다. 1938년에 영국의 물리학자 폴 디랙은 뉴턴의 중력상수 G가 우주의 나이에 비례하여 작아진다는 설을 주장했고 지금도 일부 물리학자들은 가변적인 상수를 필사적으로 찾고 있다. 우리가 알고 있는 우주적 상수는 시간에 따라 변할 수도 있고 장소에 따라 달라질 수도 있다. 후자의 경우라면 기존의 방정식을 새로운 영역에 적용함으로써 가변성의 여부를 확인할 수 있을 것이다. 이들의 연구는 머지않아 어떤 결론에 도달할 것이므로 지금 당장 상수가 변한다고 부산을 떨 필요는 없다. 만일 상수의 가변성이 확인된다면 그날로 뉴스 헤드라인에 발표될 것이다.

제 12 장

속도의 한계

우리 주변에서 총알보다 빠르게 이동할 수 있는 물체는 그리 흔치 않다. 기껏해야 우주왕복선이나 초음속전투기 그리고 슈퍼맨 정도이다. 그러나 빛보다 빠르게 움직이는 물체는 아예 존재하지 않는다(여기서 말하는 빛의 속도란 진공 중에서 측정한 속도를 의미한다). 빛은 엄청나게 빠른 속도로 움직이지만 무한히 빠르지는 않다. 빛의 속도가 유한하기 때문에 천체물리학자들은 우주에서 멀리 있는 곳일수록 먼 과거의 모습을 보여 준다는 사실을 잘 알고 있다. 광속의 정확한 값을 알고 있으면 우주의 나이를 어느 정도 정확하게 추정할 수 있다.

이 개념은 우주에만 적용되는 것이 아니다. 당신이 아침식사를 하고 있을 때 식탁 맞은편에서 반찬투정을 하고 있는 당신 아이들의 모습이 눈에 들어왔다. 그 모습이 '현재'의 모습이라고 생각하는가? 아니다. 지금 당신의 눈에 보이는 아이의 모습은 10억 분의 1초 전의 모습이다. 아이의 몸에서 반사된 빛이 당신의 눈에 들어올 때까지 이 정도의 시간이 걸리기 때문이다. 별로 실감이 나지 않는다면 아이들이 안드로메다은하에서 당신에게 인사하는 모습을 상상해 보라. 그 아이가 "아빠, 아침 먹었어요?"라고 물었다면 그것은 오늘 아침식사가 아니라 200만년 전의 아침식사를 묻는 것이다.

진공 중에서 빛의 속도는 약 299,792km/sec이다(소수점 이하 반올림). 이 정도로 정확한 값을 얻기 위해 과학자들은 지난 수세기 동안 각고의 노력을 경주해 왔다. 그러나 관측장비가 초보적인 수준이었던 먼 옛날에도 빛은 사람들에게 오만 가지 궁금증을 야기시켰다. 빛은 영상을 받아들이는 인간의 눈이 갖고 있는 특성인가? 아니면 물체에서 방출되는 것인가? 빛은 입자 덩어리인가? 아니면 파동인가? 빛은 단순히 '나타나는' 것인가? 아니면 이곳에서 저곳으로 '전달되는' 것인가? 만일 전달되는 것이라면 얼마나 빠르게 그리고 얼마나 멀리 전달되는가?

기원전 5세기 중반에 그리스의 시인이자 철학자 그리고 과학자였던 엠페도클레스Empedocles는 빛의 속도가 유한할지도 모른다는 심증을 갖고 있었다. 그러나 빛의 속도를 측정하는 실험은 그로부터 2000여 년이 지난 17세기 초에 갈릴레오에 의해 최초로 시도되었다.

갈릴레오가 사용했던 광속 측정법은 1638년에 출판한 그의 저서 『두 가지 새로운 과학에 대한 대담Dialogues Concerning Two New Sciences』에 실려 있다. 어두운 밤에 두 사람이 랜턴을 들고 각기 다른 산봉우리에 올라간다. 이들이 휴대하고 있는 랜턴은 점멸상태를 아주 빠른 속도로 바꿀 수 있도록 고안되어 있다. 두 사람은 충분히 먼 거리에 있지만 둘 사이에 아무런 방해물도 없기 때문에 상대방의 랜턴이 켜지면 곧바로 볼 수 있다. 이제 첫 번째 사람이 랜턴을 켜면 두 번째 사람이 그 빛을 보는 즉시 자신의 랜턴을 켠다. 그리고 다른 곳에 있는 제3의 관측자는 첫 번째 랜턴이 켜진 직후부터 두 번째 랜턴이 켜질 때까지 걸린 시간을 측정한다. 갈릴레오는 이 실험을 약 1.6km 거리에서 단 한차례 실시한 후 다음과 같이 적어 놓았다.

이 실험으로는 두 번째 랜턴이 곧바로 켜졌는지 아니면 그 사이에 짧은 시간 간격이 존재하는지 확인하기가 어려웠다. 곧바로 켜지지 않았다 해도 소요된 시간이 매우 짧은 것만은 분명하다. 빛은 두 산봉우리 사이를 거의 '찰나'의 시간에 주파하는 것 같다.(43쪽)

갈릴레오의 설명은 일견 그럴 듯하게 들리지만 사실 두 사람의 거리가 너무 가까웠고 시간을 측정하는 도구도 빛을 따라잡기에는 역부족이었다(아마도 갈릴레오가 창안했던 진자시계를 사용했을 것이다).

그로부터 수십 년이 지난 후 덴마크의 천문학자 올레 뢰머 Ole Rømer 는 목성에 가장 가까운 위성인 이오의 공전궤도를 관측하다가 이상한 사실을 발견했다. 1610년 1월에 갈릴레오가 자신이 제작한 망원경으로 목성의 가장 큰 위성 네 개를 발견한 후로 천문학자들은 위성의 궤도를 관측하는 데 열을 올리고 있었다. 그들은 수년 동안 이오를 관측한 끝에 평균 공전주기(이오가 목성의 뒤로 숨었다가 한 바퀴 돌아서 다시 목성의 뒤로 숨을 때까지 걸리는 시간)가 42.5시간임을 알아냈다. 그런데 뢰머는 지구가 목성에 가장 가까울 때 이오의 주기가 11분가량 짧아지고 지구가 목성에서 가장 멀 때에는 이오의 주기가 11분 길어진다는 새로운 사실을 발견하였다.

지구와 목성의 거리에 따라 이오의 주기가 다르게 나타난다면 제일 먼저 지구의 중력에 의한 영향을 의심해 볼만하다. 그러나 지구가 이오에 중력적 영향을 미치기에는 둘 사이의 거리가 너무 멀다. 그래서 뢰머는 "지구와 목성 사이의 거리에 따라 이오의 표면에서 반사된 빛이 지구에 도달하기까지 걸리는 시간이 달라지기 때문에 이오의 공전주기가 달라진 것처럼 보인다"는 결론을 내렸다. 다시 말해서 지구 공전궤도의 지름을 빛이 주파하는데 22분이 걸린다는 뜻이다. 이로부터 계산된 빛의 속도는 약 209,000km/sec인데, 현재 알려진 값과 비교하면 오차가 거의 30%나 되지만 최초로 계산된 값치고는 꽤 정확한 편이다. 게다가 갈릴레오의 "······찰나에 주파하는 것 같다"는 두루뭉술한 표현에 비하면 혁신적인 진보가 아닐 수 없다.

1725년, 영국 왕립 천문학회의 세 번째 회원이었던 제임스 브래들리James Bradley는 광속의 유-무한과 관련된 모든 논쟁을 잠재울 만한 대발견을 이루어 냈다. 그는 감마 드라코니스Gamma Draconis 별을 관측하던 중 별의 위치가 계절에 따라 변한다는 사실을 발견했다. 그는 망원경과 함께 3년의 세월을 더 보낸 후에 지구의 움직임과 빛의 속도가 결합하여 그와 같은 현상을 만들어 낸다는 결론을 내렸다. 브래들리의 발견은 오늘날 '광행차aberration'라는 이름으로 알려져 있다.

예를 들어 당신이 비오는 날 교통체증이 심각한 도로에서 버스에 타고 있다고 가정해 보자. 지루해진 당신은 마침 갖고 있던 커다란 시험관을 손에 쥐고 팔을 창밖으로 내밀어서 빗물을 채집하기로 했다. 바깥에 바람이 불지 않는다면 빗물은 수직방향으로 떨어질 것이다. 이런 경우에 빗물을 가능한 한 많이 모으려면 시험관을 수직방향으로 들고 있어야 한다. 시험관 입구를 통과한 빗물은 곧바로 바닥으로 떨어질 것이다.

그러던 중 어느덧 교통체증이 풀리면서 버스가 제법 빠른 속도로 달리기 시작했다. 이럴 때 버스 창문에 떨어진 빗물은 수직방향이 아닌 비스듬한 방향으로 흘러내린다는 것을 독자들은 경험을 통해 알고 있을 것이다. 이런 경우에 빗물을 효율적으로 받아 내려면 창문에 흐르는 빗물과 같은 방향으로 시험관을 기울여야 한다. 버스의 속도가 빠를수록 기울이는 각도도 커진다.

이제 달리는 버스를 지구에 대응시키고 시험관은 망원경에, 빗물은 별빛에 각각 대응시켜 보자(별은 거의 움직이지 않으므로 별빛을 빗물에 대응시켜도 크게 문제될 것은 없다). 그러면 규모만 커졌을 뿐 상황은 이전과 동일하므로 망원경에 별빛을 모으려면 별의 실제 위치보다 약간 기울어진 방향으로 망원경을 조준해야 한다. 브래들리는 이 방법을 이용하여 두 가지 사실(빛의 속도가 유한하다는 것과 지구가 태양 주변을 공전하고 있다는 사실)을 실험으로 입증한 최초의 천문학자가 되었다. 그가 계산한 빛의 속도는 약 300,947km/sec였다.

19세기 말까지만 해도 물리학자들은 빛이 음파와 같은 파동이라고 하늘같이 믿고 있었다. 그런데 음파는 공기라는 매질을 통해 전달되므로 빛이 파동이라면 빛을 매개하는 물질이 있어야 했다. 아무 것도 없는 진공상태에서 전달되는 파동을 상상할 수 있겠는가? 그래서 물리학자들은 이 미지의 매개물질에 '에테르ether'라는 이름을 붙여 놓고 누군가가 그 존재를 확인해 주기를 기다렸다. 이 과제에 최초로 도전장을 던진 사람은 물리학자 앨버트 마이컬슨Albert A. Michelson과 화학자 에드워드 몰리Edward W. Morley였다.

마이컬슨은 이 실험을 수행하기 전에 간섭계interferometer를 발명한 사람으로 알려져 있었다. 간섭계는 입사된 빛을 서로 직각인 두 방향으로 분리하여 일정 거리만큼 진행하게 한 후 거울에 반사시켜서 분리지점으로 다시 되돌아왔을 때 나타나는 간섭현상을 분석하는 장치이다. 마이컬슨과 몰리(이하 M&M)는 다음과 같은 생각을 떠올렸다. "간섭계를 이용하면 두 줄기 빛의 속도 차이를 매우 정확하게 측정할 수 있다. 따라서 간섭계는 에테르의 존재를 확인하는 데 더없이 적절한 도구이다." 간섭계를 통과하면 빛은 두 줄기로 갈라진다. 이중 한 줄기는 지구의 공전방향과 같은 방향으로 진행하고 나머지 한 줄기는 이와 직각방향으로 진행하도록 실험장치를 설치한다. 그러면 첫 번째 빔의 속도는 '에테르 속을 헤쳐 나가는' 지구의 운동에 영향을 받을 것이고 두 번째 빔도 영향을 받긴 하겠지만 첫 번째 빔만큼 심각하지는 않을 것이다.

M&M은 당장 실험에 착수했다. 이들의 논리는 이론상 아무런 하자가 없었으므로 에테르의 존재를 최초로 확인한 과학자가 되기 위해 장소와 계절을 바꿔 가며 실험에 몰두했다. 그러나 같은 실험을 아무리 반복해도 속도의 차이는 관측되지 않았다. 두 갈래로 갈라진 빔은 어떤 상황에서도 항상 '동시에' 간섭계로 되돌아왔다. 지구의 움직임이 빛의 속도에 아무런 영향도 주지 않은 것이다. 그렇다면 빛을 매개한

다는 에테르는 애초부터 존재하지 않는 것일지도 모른다. 빛은 어떠한 매개체나 마술의 도움 없이 스스로 이동하고 있었다.

M&M의 실험이 실패로 끝난 후 에테르의 개념은 폐기될 위기에 처했다. 그러나 마이컬슨은 여기에 굴하지 않고 자신이 고안한 장비로 빛의 속도를 측정하여 299,982km/sec라는 매우 정확한 값을 얻어 냈다.

1905년이 밝을 무렵 빛에 관한 연구는 완전히 새로운 국면으로 접어들었다. 아인슈타인이라는 무명의 젊은 물리학자가 M&M의 실험이 실패할 수밖에 없었던 이유를 기발한 논리로 설명한 것이다. 그는 진공 중에서 빛의 속도가 변하지 않는 범우주적 상수이며 빛을 발하는 광원이나 그것을 관측하는 관측자가 임의의 속도로 움직이고 있어도 빛의 속도는 변하지 않는다고 주장했다.

아인슈타인의 주장이 사실이라면 어떤 결론이 내려지는가? 당신이 우주선을 타고 우주공간을 여행하고 있다고 상상해 보라. 지금 우주선은 광속의 절반(즉, $\frac{c}{2}$)이라는 무지막지한 속도로 나아가고 있다. 그런데 앞에서 UFO 비슷한 물체가 어른거리는 것 같아서 자세히 보기 위해 우주선 첨단에 있는 전조등을 켰다. 이 상황을 제2의 관측자가 바깥에서 관측하고 있었다면 그가 바라본 빛의 속도는 얼마인가? 고전적으로 생각하면 당연히 $\frac{3c}{2}$(즉, $c + \frac{c}{2}$)가 되어야 할 것 같지만 아인슈타인의 주장에 따르면 여전히 c이다. 제2의 관측자가 어떤 속도로 움직이고 있건 간에 그리고 당신이 타고 있는 우주선이 어떤 속도로 움직이건 간에, 빛의 속도는 항상 c로 불변이라는 것이다. 제2의 관측자뿐만 아니라 우주 안에 있는 어떤 관측자의 눈에도 빛의 속도는 항상

299,792km/sec이다. 빛을 우주선의 반대쪽으로 발사하거나 측면방향으로 발사한 경우에도 여전히 동일한 속도로 관측된다.

이해가 가는가? 정상적인 사고방식을 가진 사람이라면 이해가 갈 리 없다. 이것은 누가 봐도 비정상적인 결과이다.

일단은 상식적으로 생각해 보자. 달리는 기차에서 앞쪽으로 총알을 발사했을 때 땅 위에 서 있는 A가 관측한 총알의 속도는 원래 총알의 속도에 기차의 속도를 더한 값이다. 총알을 기차의 뒤쪽으로 발사했다면 A의 눈에 보이는 총알의 속도는 원래 총알의 속도에서 기차의 속도를 뺀 값이 될 것이다. 관측 대상이 총알이라면 이것은 분명한 사실이다. 그러나 아인슈타인의 상대성이론에 의하면 빛은 이와 같은 규칙을 따르지 않는다!

물론 아인슈타인은 옳았다. 그리고 그의 이론은 엄청난 파장을 몰고 왔다. 시간과 장소에 관계없이 우주선에서 관측한 빛의 속도가 누구에게나 동일하다면 몇 가지 중요한 사실이 유도된다. 우선 우주선의 속도가 증가하면 다른 사람이 볼 때 우주선과 그 안에 포함된 모든 사물의 길이가 진행방향으로 짧아진 것처럼 보인다. 뿐만 아니라 다른 관측자의 눈에는 당신의 시계가 느리게 가는 것처럼 보인다. 얼마나 느려질까? 당신의 '짧아진' 자와 '느리게 가는' 시계로 빛의 속도를 관측했을 때 정확하게 기존의 값이 나오도록 느려진다. 마치 이 우주가 우리에게 '항상 동일한 광속을 관측하도록' 고도의 음모를 꾸며 놓은 것 같다.

새로운 관측방법이 개발되면서 광속의 소수점 이하 숫자는 점차 늘어 갔고 어느 정도 정확한 값이 알려진 후에는 빛의 속도가 다른 물리량을 정의하는 척도로 등장하게 되었다.

속도의 단위는 항상 시속 50마일 또는 초속 800미터 등 거리와 시간의 조합으로 이루어진다(정확하게 말하면 거리/시간이다). 아인슈타인이 특수상대성이론 연구를 시작하던 무렵에 '1초'라는 시간단위는 비교적 정확하게 정의되어 있었으나 1미터(m)의 거리단위는 그야말로 중구난방이었다. 1미터는 1791년에 '파리를 지나는 경도를 따라 북극점에서 적도까지 측정한 거리의 천만 분의 1'로 정의되었다가, 1889년에는 백금－이리듐 합금으로 만든 샘플을 얼음이 녹는 온도에서 측정한 길이를 1m로 정의하고 프랑스 세브르에 있는 국제도량형국International Bureau of Weights and Measures에 보관하였다. 그 후 1960년에는 1미터의 기준이 좀 더 정확하게 바뀌었다. 수많은 논란을 거친 후에 진공 중에서 교란되지 않은 크립톤Kr－86 동위원소가 에너지준위 $2p10$에서 $5d5$로 전이할 때 방출되는 빛의 파장의 1,650,763.73배를 1미터로 정의한 것이다. 과정이 다소 장황하긴 하지만 정의 자체만 놓고 보면 과거의 정의보다 훨씬 명확해졌다.

그러나 다시 세월이 흐르면서 과학자들은 빛의 속도가 1미터의 기준보다 훨씬 정확하게 측정될 수 있다는 사실을 알게 되었다. 그래서 1983년에 국제도량형총회General Conference on Weights and Measures에서는 가장 최근에 관측된 빛의 속도인 299,792,458m/sec를 '빛의 속도'로 정의하였다(다시 한 번 강조하건대 이는 관측 값을 발표한 것이 아니라 빛의 속도를 '정의'한 것이다). 이렇게 하면 1미터는 광속의 정의 속에 자연스럽게 포함되어 '빛이 진공 속에서 1초 동안 진행하는 거리의 $\dfrac{1}{299,792,458}$

배'가 된다. 앞으로 측정기술이 더욱 발달하여 누군가가 빛의 속도에 소수점 이하 자리를 추가한다 해도 1983년에 정의된 광속은 더 이상 변하지 않고 1미터의 기준이 달라질 것이다.

그렇다고 크게 걱정할 것은 없다. 광속의 측정값이 달라져 봐야 아주 미미한 차이일 것이므로 학교에서 쓰는 자의 눈금이 달라지는 불상사는 없을 것이다. 당신이 평균체격의 유럽인이라면 키는 여전히 1.8미터 내외일 것이고 미국인이라면 1리터의 연료로 SUV 차량이 갈 수 있는 거리는 여전히 형편없이 짧을 것이다.

천체물리학에서 빛의 속도는 거의 신성불가침이지만 그 값이 항상 일정한 것은 아니다. 빛이 공기나 물, 유리, 다이아몬드 등을 통과할 때는 진공을 통과할 때보다 속도가 느려진다.

그러나 진공 속에서 빛의 속도는 항상 일정하다. 진정한 상수라면 시간, 장소, 이유를 불문하고 언제 어디서나 항상 불변이어야 한다. 물리학자들과 천문학자들은 빅뱅 이후 137억 년 동안 변한 것과 변하지 않은 것을 골라내기 위해 지금도 무진 애를 쓰고 있다. 특히 그들은 빛의 속도와 플랑크상수 그리고 원주율 π와 전자의 전하로 이루어진 '미세구조상수 fine structure constant'의 정확한 값을 측정하는 데 각별한 노력을 기울여 왔다.

미세구조상수는 원자의 에너지준위에서 일어나는 변화의 크기를 좌우하는 상수로서 별과 은하를 관측하여 얻은 스펙트럼에 절대적인 영향을 미친다. 멀리 있는 천체일수록 우리에게 먼 과거의 모습을 보여주고 있으므로 관측을 통해 미세구조상수의 변천사를 확인할 수 있다.

물리학자들은 몇 가지 이유에서 플랑크상수나 전자의 전하가 변하지 않는 것으로 믿고 있다. 게다가 원주율 π는 변할 이유가 없으므로, 만일 미세구조상수가 변한다면 이는 곧 빛의 속도가 변했음을 의미한다.

천체물리학자들은 빛의 속도가 불변이라는 가정 하에 우주의 나이를 계산하고 있다. 따라서 우주의 나이에 따라 빛의 속도가 변한다면 학계에 커다란 파문이 일어날 것이다. 그러나 2006년 1월에 얻은 최근 관측결과에서도 미세구조상수가 변한다는 증거는 발견되지 않았다.

제 13 장

행성의 궤도

스포츠에서 대부분의 구기종목은 둥그런 공을 상대방의 골대에 넣는 것이 목표이다. 그래서 경기 중에는 공이 시도 때도 없이 포물선을 그리며 허공을 날아다닌다. 야구, 크리켓, 풋볼, 골프, 라크로스(그물 모양의 라켓을 사용하는 하키 비슷한 게임 : 옮긴이), 축구, 테니스, 수구 등 구기종목 선수들이 공을 차거나 때리거나 던지면 땅에 도달하기 전까지 포물선운동을 하게 된다.

물론 공기저항은 날아가는 공의 궤적에 적지 않은 영향을 미친다. 그러나 운동을 유발한 원인이 무엇이건 간에, 모든 포사체가 허공에 그리는 경로의 기본적인 형태는 뉴턴의 중력법칙으로 서술할 수 있다. 뉴턴은 1687년에 『프린키피아』를 통해 운동법칙과 중력법칙을 발표했고 그로부터 몇 년 후에 라틴어로 출간한 『세상의 체계 The System of the World』에서는 수평방향으로 물체를 빠르게 던졌을 때 나타나는 현상을 구체적으로 서술하였다. 다들 알다시피 돌멩이를 빠른 속도로 던질수록 수평도달거리는 길어진다. 속도가 충분히 빠르면 눈앞에 보이는 수평선을 넘어갈 것이다. 뉴턴은 다음과 같은 사실을 지적하고 있다. "돌멩이를 충분히 빠른 속도로 (수평방향으로)던지면 땅에 닿지 않은 채 지구를 한 바퀴 돌아와서 당신의 뒷머리를 때린다." 만일 당신이 순발력을 발휘하여 재빠르게 피했다면 돌멩이는 계속해서 지표면을 따라 움직일 것이다. 다시 말해서 돌멩이는 '궤도운동'을 하게 된다.

물체의 속도가 시속 28,900km 근처이면 지구 상에서 저궤도(LEO)low Earth orbit 운동을 할 수 있다. 이 경우에 지구를 한 바퀴 도는 데 소요되는 시간은 약 90분이다. 세계최초의 유인우주선 보스토크 1호는 유리 가가린Yury Gagarin을 태우고 지구의 대기권 위를 돌았는데 발사 후 이 속도에 이르지 못하여 한 바퀴를 완전히 돌지 못한 채 착륙해야 했다.

뉴턴은 또 하나의 중요한 사실을 지적했다. 임의의 구형물체가 자신의 주변에 행사하는 중력은 그 물체의 모든 질량이 중심의 한 점에 모여 있는 경우와 동일하다는 것이다. 지표면에 서 있는 두 사람이 공을 던지고 받을 때 공이 그리는 궤적도 궤도운동의 일부분이다. 단 이 경우에는 물체의 궤도가 지표면과 만난다는 것이 다를 뿐이다. 1961년에 머큐리 프로젝트Mercury project로 탄생한 미국의 첫 유인우주탐사선 프리덤 7호가 앨런 B. 셰퍼드Alan B. Shepard를 태우고 15분 동안 궤도비행을 하면서 그린 궤적은 타이거 우즈의 티샷이나 알렉스 로드리게스의 홈런타구가 그리는 궤적과 근본적으로 동일하다. 이들 모두는 공전궤도의 일부를 그린 후 지표면에 도달한다는 공통점을 갖고 있다. 만일 그 자리에 지표면이 없다면 야구공이나 골프공은 지구의 중심에 대하여 완전한 공전궤도를 그리며 움직일 것이다. 중력은 날아가는 물체가 야구공이건 우주선이건 신경 쓰지 않지만 NASA의 입장에서는 매우 중요한 문제이다. 프리덤 7호의 비행은 대기가 희박한 고도에서 이루어졌으므로 공기저항을 거의 받지 않았다. 그래서 당시 미국의 언론은 셰퍼드를 '미국 최초의 우주인'으로 선언하였다.

    부분궤도운동은 탄도미사일을 발사할 때에도 매우 중요하게 취급되는 문제이다. 손으로 던진 수류탄이 허공에 그리는 궤적과 마찬가지로 발사대를 떠난 탄도미사일은 오로지 중력에 의해 그 궤적이 결정된다. 이런 유의 대량살상무기는 지구 둘레의 반을 45분에 주파하는 빠른 속력으로 수천 km를 날아갈 수 있다. 만약 하나의 탄도 미사일이 매우 무겁다면, 그 물체는 하늘에서 떨어지는 것 자체로 보통 폭탄이 폭발하는 것보다 더 많은 손상을 입힐 것이다.

    세계최초의 탄도미사일은 2차 세계대전 중 베르너 폰 브라운Wernher von Braun이 이끄는 독일의 과학자들이 나치의 지휘하에서 개발한 V-2 로켓이었다('V'는 Vergeltungswaffen의 머리글자로서 '보복용 무기'라는 뜻이다. 독일은 전쟁기간 동안 무려 3,200발의 V-2를 발사하여 영국과 벨기에 등지에 막대한 피해를 입혔다). 총알을 뻥 튀겨 놓은 듯한 외형에 커다란 보조익이 달린 V-2는 훗날 우주선 제작의 모태가 되었다. 독일이 연합군에게 패한 후 미국으로 건너온 폰 브라운은 우주개발팀을 진두지휘하면서 1958년에 미국 최초의 인공위성 익스플로러 1호Explorer 1를 성공리에 발사했다. 그 후 폰 브라운은 갓 출범한 미국항공우주국(NASA)National Aeronautics and Space Administration에 합류하여 역사상 가장 강력한 로켓인 새턴 5호의 개발에 성공함으로써 달에 사람을 보내겠다는 미국인의 꿈을 가능하게 만들었다.

수백 개의 인공위성이 지구의 주변을 돌고 있는 와중에 지구는 또 태양 주변을 공전하고 있다. 1543년에 코페르니쿠스가 당대의 걸작 『천구의 회전에 관하여』를 통해 지동설을 주장할 때 그는 지구를 비롯한 다섯 개의 행성(수성, 금성, 화성, 목성, 토성)이 정확하게 원궤도를 그린다고 생각했다. 당시 코페르니쿠스는 모르고 있었지만 행성이 정확하게 원을 그리는 것은 매우 드문 경우이며, 태양계에는 이런 행성이 하나도 없다. 행성의 정확한 궤도를 최초로 알아낸 사람은 독일의 수학자이자 천문학자인 요하네스 케플러였는데(그는 행성의 운동과 관련된 세 개의 법칙을 발견하여 1609년, 1619년 두 번에 걸쳐 책으로 출판하였다), 그가 발견한 첫 번째 법칙은 모든 행성이 태양을 중심으로 타원궤적을 그린다는 것이었다. 타원은 '납작해진 원'으로서 납작한 정도는 이심률(e)eccentricity이라는 수학적 양으로 나타낸다. e가 0이면 완전한 원이고 1에 가까워질수록 납작한 정도가 심해진다.

행성궤도의 이심률이 클수록 다른 행성의 궤도를 침범할 가능성이 커진다. 혜성의 궤도는 이심률이 아주 커서 태양계의 안과 밖을 종횡무진 누비고 다니지만 지구나 금성 등 비교적 '얌전한' 행성들은 이심률이 거의 0에 가깝다. 명왕성은 태양계의 행성 중 이심률이 가장 커서 공전궤도가 해왕성과 교차하기 때문에 행성이라기보다 혜성에 가깝다고 할 수 있다.

납작한 궤도의 극단적인 사례로는 미국에서 중국을 연결하는 지하통로를 들 수 있다. 상당수의 미국인은 지구에서 미국의 정반대 지점에 중국이 있다고 알고 있는데, 사실 미국과 중국은 구면 상에서 기하학적 대척점에 있지 않다. 지표면에 위치한 두 대척점을 직선으로 연결하면 지구의 중심을 지나가게 된다. 그렇다면 미국의 대척점은 어디일까? 지구본을 조금만 돌려 보면 인도양이라는 것을 쉽게 알 수 있다. 몬태나 주의 셸비Shelby에서 땅을 수직으로 계속 파고 들어가다 보면 인도양의 커구엘렌Kerguelen 군도에 도달한다.

자, 지금부터가 재미있는 부분이다. 수직터널이 완공된 후 당신이 셸비에서 터널 입구로 뛰어들었다고 가정해 보자. 그러면 당신의 몸은 지구의 중심에 도달할 때까지 꾸준하게 가속될 것이다. 물론 중심 부근에 가까워지면 온도가 너무 높아서 몸뚱이가 증발해 버리겠지만 이런 '사소한 문제'는 잠시 덮어 두기로 하자. 지구의 중심에서는 중력이 0이며 이 지점을 통과할 때 속도가 가장 빠르다. 일단 중심을 통과하면 당신의 몸은 점차 느려지다가 반대쪽 지표면에 도달하는 순간 속도가 0으로 감소한다. 이때 커구엘렌 군도에서 누군가가 당신을 잡아 주지 않으면 반대쪽 셸비를 향해 똑같은 운동을 반복하게 된다. 언뜻 보기엔 별로 상관이 없어 보이지만 지구의 중심터널을 지구 자체의 중력으로 왕복운동하는 것도 엄연한 궤도운동이며, 우주왕복선처럼 90분만에 출발점으로 되돌아올 수 있다.

궤도의 이심률이 임계값을 넘어서면 출발점으로 되돌아올 수 없다. $e = 1$이면 궤도는 타원에서 포물선으로 변형되고 e가 1보다 커지면 쌍곡선궤도를 그린다. 가까운 벽에 캠핑용 랜턴을 적절한 각도로 비추면 포물선과 쌍곡선을 쉽게 그릴 수 있다. 다들 알다시피 벽에 수직 방향으로 랜턴을 비췄을 때 나타나는 형상은 원이다. 이 상태에서 랜턴의 각도를 조금 기울이면 원이 납작해지면서 타원이 되고 각도가 커질 수록 타원의 이심률이 커진다. 그러다가 (랜턴을 벽에 붙인 상태에서) 랜턴과 벽이 평행해지면 포물선이 되고 여기서 각도를 조금 더 증가시키면 쌍곡선이 나타난다(이로써 친구들과 야영을 갔을 때 선보일 놀이가 하나 더 늘었다!). 포물선이나 쌍곡선궤도를 돌고 있는 물체는 속도가 아주 빠르며 출발점으로 되돌아오지 않는다. 만일 이런 혜성이 지구의 관측자에 의해 발견된다면 그것은 우주 저편에서 생성되어 태양계를 편도여행 중인 방랑객임이 분명하다.

뉴턴의 중력이론은 물체의 위치나 질량, 구성성분, 크기 등에 상관없이 두 물체 사이에 작용하는 인력의 방향과 크기를 말해 주고 있다. 예를 들어 이 법칙을 이용하면 지구 – 달 시스템의 과거와 현재 그리고 미래를 정확하게 계산할 수 있다. 그러나 여기에 제3의 물체가 개입되면 문제가 엄청나게 복잡해진다(인간관계도 둘 보다는 셋이 훨씬 복잡하다!). 흔히 '3체 문제 three body problem'라 불리는 이 난제를 해결하려면 어쩔 수 없이 컴퓨터가 도입되어야 한다.

그러나 3체 문제가 의외로 쉽게 해결되는 경우도 있다. 세 번째 물체가 다른 두 물체에 비해 아주 작다면 방정식에서 그 존재를 아예 무시하면 된다. 이와 같은 근사법을 사용하면 세 물체의 운동을 거의 정확하게 서술할 수 있다. 물론 이것은 결코 속임수가 아니다. 우주에는 이런 식으로 이해할 수 있는 계가 도처에 존재한다. 태양과 목성 그리고 목성의 조그만 위성으로 이루어진 3행성계의 운동이 그 대표적인 사례이다. 그리고 목성의 전방 8억 km와 후방 8억 km 지점에서 태양을 중심으로 공전하고 있는 바위들, 즉 2장에서 말한 트로이 소행성들도 태양과 목성의 중력만으로 모든 움직임을 예견할 수 있다.

최근 들어 3체 문제의 또 다른 특수사례가 발견되었다. 질량이 동일한 세 개의 물체가 일렬로 늘어서서 8자 궤도를 따라 움직이고 있다고 상상해 보자. 자동차 경기장에 가면 두 길이 만나는 지점에서 충돌사고를 자주 볼 수 있지만 세 물체가 8자 궤도를 도는 경우에는 교차점에서 중력이 절묘한 조화를 이루어 충돌사고가 일어나지 않는다. 게다가 이 운동은 다른 3체 문제와 달리 하나의 평면 위에서만 진행된다. 그러나 애석하게도 우리의 우주에서 이렇게 이상적인 계를 찾기란 결코 쉽지 않다. 은하수 안에 있는 수천 억 개의 별 중에서 세 개가 한 조를 이루어 8자 궤도를 도는 경우는 아마 단 하나도 없을 것이다. 우주 전체를 뒤진다면 잘 해야 1~2개 정도 발견될 것 같다. 8자 궤도는 수학적으로 흥미를 끄는 문제일 뿐 현실세계에서는 거의 찾아보기 어려운 사례이다.

위에서 예로 들었던 특수한 경우를 제외하고 세 개 이상의 물체가 서로 중력을 행사하는 대부분의 경우 물체의 궤도는 바나나처럼 휘어지는 경향을 보인다. 중력을 행사하는 모든 물체의 정보와 뉴턴의 운동법칙 및 중력법칙을 컴퓨터에 입력하여 '가상중력계'를 가동시키면 이와 같은 현상을 확인할 수 있다. 다들 알다시피 태양계는 태양과 행성 그리고 여러 개의 위성과 소행성으로 이루어진 다중 시스템으로서 이들 사이에 중력이 연속적으로 작용하고 있다. 그래서 뉴턴조차도 이 복잡한 계의 앞날을 연필과 종이만으로 계산할 수 없었다. 그는 태양계가 와해되거나 우주 밖으로 뿔뿔이 흩어지는 참사를 원치 않았으므로 "전능한 신이 태양계를 굽어 살피고 있다"는 다소 비과학적인 해설을 달아 놓았다(이 문제는 6부에서 다시 언급할 것이다).

그로부터 약 100년 후에 피에르 시몽 드 라플라스Pierre Simon de Laplace는 자신의 명저인 『천체역학개론Traité de Mécanique céleste』을 통해 태양계의 중력방정식 해를 발표하였는데, 이것은 완벽한 해가 아니라 '건드림이론perturbation theory'이라는 새로운 수학테크닉을 사용하여 얻은 근사적 해였다. 즉 중력을 유발하는 근원이 단 하나뿐이라는 가정 하에 1차 해를 구한 후 비교적 작은 중력을 유발하는 2차, 3차 요인들을 나중에 고려하여 원래의 해를 수정해 나간 것이다. 라플라스는 이 방법을 이용하여 우리의 태양계가 안정적이며 이를 설명하기 위해 새로운 물리법칙을 도입할 필요가 없다는 것을 증명하였다.

과연 그럴까? 6부에서 다시 언급하겠지만 현대물리학은 앞으로 수억 년 후에 태양계가 혼돈상태에 빠진다고 예견하고 있다. 수성은 태양으로 추락하고 명왕성은 태양계를 완전히 이탈하는 등 총체적인 혼란이 야기된다는 것이다. 뿐만 아니라 우리의 태양계에는 아직 한 번도 발견된 적이 없는 수십 개의 행성이 더 존재할 수도 있다. 이들의 궤도가 하도 비정상적이어서 아직 지구인의 망원경에 잡히지 않았지만 언젠가 이들이 (우리가 말하는) 태양계로 되돌아오면 어떤 혼란이 야기될지 아무도 알 수 없다.

탄도운동을 하는 모든 물체는 지구로 "떨어지고 있다". 뉴턴의 돌멩이는 예외 없이 지표면을 향하여 자유낙하한다. 궤도운동을 하는 위성들도 사실은 자유낙하를 하고 있지만 지구의 표면이 자유낙하하는 물체의 추락비율과 딱 맞아떨어지도록 휘어져 있기 때문에(지구는 구형이다!) 지표면에 닿지 않고 궤도운동을 계속할 수 있는 것이다. 우주공간에 떠 있는 국제우주정거장도 지구를 향하여 자유낙하하고 있다. 물론 달도 마찬가지다. 궤도운동이란 "중력을 행사하는 주체와 충돌하지 않으면서 영원히 자유낙하하는 상태"를 의미한다. 이런 물체들은 지구의 저궤도LEO를 90분마다 한 번씩 공전하고 있다.

여기서 더 높이 올라가면 궤도운동의 주기가 길어진다. 앞서 말한 대로 고도 35,800km에서 지표면에 추락하지 않고 궤도운동을 하려면 지구의 자전속도와 동일한 빠르기로 진행하면 된다. 이곳에 떠 있는 통신위성들은 지구에서 볼 때 '한 점'에 고정되어 있으므로 더욱 빠르고 안정적인 대륙 간 통신을 구현할 수 있다. 여기서 다시 고도 386,000km인 지점까지 올라가면 달의 궤도와 만나게 되는데 달의 공전주기는 약 27.3일이다.

자유낙하하는 물체의 공통점은 무게weight를 전혀 느끼지 않는다는 것이다. 당신이 건물 옥상에서 뛰어내렸을 때 당신의 몸과 당신이 지니고 있는 모든 물건은 동일한 가속도로 떨어진다. 또는 줄이 끊어진 엘리베이터 안에서 저울 위에 서 있다면 저울의 눈금은 정확하게 0을 가리킬 것이다. 당신의 몸과 저울 그리고 엘리베이터가 모두 동일한 가속도로 움직이는 상황에서는 저울을 누르는 힘이 전혀 존재하지 않기 때문이다. 그래서 우주공간을 여행 중인 우주선의 승무원들은 자신의 체중을 느끼지 않는다.

그러나 우주선이 갑자기 속도를 높이거나 회전운동을 하면(또는 대기 중에서 공기저항을 받으면) 자유낙하 상태를 벗어나면서 무게가 느껴지기 시작한다. 공상과학소설을 좋아하는 독자들은 우주선이 적절한 빠르기로 회전할 때 지구에서와 똑같은 '무게'가 느껴진다는 사실을 잘 알고 있을 것이다. 회전운동에서 발생하는 원심력이 지표면에서의 중력과 똑같아지도록 회전속도를 조절하면 된다. 인간의 신진대사는 중력과 밀접하게 연관되어 있기 때문에, 우주정거장에 파견된 승무원이 장기간 체류하려면 인공중력을 반드시 만들어 내야 한다.

뉴턴의 궤도운동을 응용한 또 다른 사례로 '고무줄 효과slingshot effect'라는 것이 있다. 우주과학자들은 목적지까지 도달하기에 턱도 없이 부족한 연료를 실은 채 우주선을 발사하는 일이 종종 있는데 이런 우주선은 목성과 같이 '움직이는 거대중력원'의 도움을 받아 추진력을 보충하기 때문에 연료가 부족해도 목적지에 도달할 수 있다. 목성의 진행방향 쪽으로 목성을 향해 추락하면서 에너지의 일부를 취한 후, 목성을 스쳐 지나가면 마치 하이알라이jai alai(스페인·중남미·필리핀에서 인기 있는 구기종목으로 핸드볼과 비슷함: 옮긴이) 공처럼 빠른 속도로 날아가게 된다. 행성들이 적절한 위치에 있으면 토성이나 천왕성을 지날 때에도 이와 비슷한 방법으로 에너지를 취할 수 있다. 직접 겪어 보지 않으면 실감이 안 가겠지만 여기서 얻는 이득은 결코 하찮은 것이 아니다. 적절한 타이밍에 우주선이 목성을 스쳐 지나가면 속도를 거의 두 배까지 끌어올릴 수 있다.

과학자들은 우리 은하계의 중심에 초대형 블랙홀이 존재하는 것으로 믿고 있다. 이 근처를 지나는 별은 거의 광속에 가까운 속도로 가속되는데 우주 안에서 이 정도의 위력을 발휘할 수 있는 천체는 오직 블랙홀뿐이다. 이동 중인 별이 블랙홀에 잡아먹히지 않고 아슬아슬하게 스쳐 지나가면, 목성을 스쳐 지나가는 탐사선처럼 속도가 엄청나게 증가한다. 지금 이 순간에도 수백 개 또는 수천 개의 별이 이런 극적인 장면을 연출하고 있다. 더욱 놀라운 사실은 대부분의 은하중심에서 이와 같은 현상이 관측된다는 것이다. 그래서 천체물리학자들은 은하의 중심에 블랙홀이 존재한다는 결론을 내렸다.

맨눈으로 볼 수 있는 가장 먼 천체인 안드로메다은하는 나선 모양의 팔을 갖고 있는 나선은하spiral galaxy이다. 그런데 지금까지 얻어진 관측자료에 의하면 우리의 은하(은하수Milky Way)와 안드로메다은하는 서로 가까워지고 있다. 미래의 어느 날 두 은하가 충돌하면 그 속에 포함된 모든 천체는 우주의 먼지가 되어 산산이 흩어질 것이다. 그러나 이것은 60억~70억 년 후에 일어날 사건이므로 당분간은 잊고 살아도 무방하다.

어쨌거나 두 개의 블랙홀이 충돌하면 일찍이 볼 수 없었던 대장관이 연출될 것이다. 아마도 우리의 후손 중에는 이 장면이 가장 잘 보이는 위치를 선점한 후 "재난 대피 및 은하충돌 관람"이라는 명목으로 표를 파는 똑똑한 사람도 있을 것 같다.

제 14 장

천체의 밀도

초등학교 5학년 때 장난을 좋아하던 한 친구가 내게 이런 문제를 낸 적이 있다. "깃털 1톤하고 납덩이 1톤이 있다면 어느 쪽이 더 무겁겠니?" 물론 나는 바보가 아니었으므로 그의 장난에 말려들지 않았다. 그러나 우리의 삶과 우주를 이해하는 데 '밀도density'라는 개념이 얼마나 유용한지는 그로부터 한참 후에야 알게 되었다. 다들 잘 알고 있겠지만 밀도는 물체의 질량을 부피로 나눈 값이다. 그러나 밀도라고 해서 반드시 물체의 특성과 관련된 것은 아니다. '맨해튼 땅의 1km² 당 거주하는 사람의 수'나 '1가구 당 벌어들이는 1년 소득'도 밀도의 개념으로 이해할 수 있다.

우주의 밀도는 장소에 따라 천차만별이다. 중성자들이 빽빽하게 들어서 있는 중성자별pulsa(전파를 방출하는 작은 천체의 하나 : 옮긴이)의 일부를 한줌 퍼 와서 저울에 올려놓으면 코끼리 5000만 마리의 무게와 맞먹는다. 그리고 마술쇼에서 토끼가 허공으로 사라졌을 때 "공기 속에는 이미 1m³당 10,000,000,000,000,000,000,000,000개(10²⁵개)의 원자가 들어 있다"고 말해 주는 사람은 없다. 실험실에서 사용되는 최고 성능의 진공펌프는 공기 속에 포함된 원자의 수를 1m³당 10,000,000,000개(100억 개)까지 낮출 수 있다. 행성들 사이의 우주공간에는 1m³당 10,000,000개(천만 개)의 원자가 존재하지만 별들 사이의 우주공간에는 원자의 수가 1m³당 500,000개로 줄어든다. 그러나 이 정도면 아직 빽빽한 편이다. 은하와 은하 사이의 우주공간으로 나가면 10m³당 단 몇 개의 원자만이 존재할 뿐이다.

우주에서 밀도가 가장 높은 곳은 가장 낮은 곳보다 무려 10^{44}배나 높다. 우주에 존재하는 모든 만물을 오직 밀도만으로 분류해 보면 각 천체의 특징이 확연하게 드러난다. 예를 들어 블랙홀이나 펄사 그리고 백색왜성white dwarf과 같이 밀도가 높은 천체는 표면중력이 엄청나게 커서 외부의 물질을 쉽게 빨아들일 수 있다. 그리고 은하의 도처에 깔려 있는 기체구름도 밀도가 매우 높아서 새로 탄생하는 별의 모태가 된다. 별이 형성되는 과정은 아직 완전하게 알려지지 않았지만 기체입자들이 자체중력으로 수축되면서 구형으로 뭉쳐진다는 것만은 확실하다.

천체물리학, 특히 행성의 물리적 특성을 연구하는 과학자들은 소행성이나 달의 밀도로부터 전체적인 구성성분을 추정하고 있다. 어떻게 그럴 수 있을까? 태양계의 각 행성은 밀도가 천차만별이다. 물의 밀도를 1이라고 했을 때 얼음과 암모니아, 메탄, 이산화 탄소(혜성의 주성분) 등의 밀도는 1보다 작고, 행성과 소행성의 내부를 구성하고 있는 암석이나 금속의 밀도는 2~5 정도이다. 그리고 행성과 소행성의 내핵(중심부)에서 발견되는 철, 니켈 등의 금속은 밀도가 8이나 된다. 따라서 평균밀도가 이 사이에 있는 행성들은 일상적인 구성성분이 섞여 있는 것으로 추정된다. 지구로 눈을 돌리면 좀 더 많은 것을 알아낼 수 있다. 지구의 내부를 관통하는 지진파의 속도는 중심에서 표면까지 밀도의 변화와 밀접하게 관련되어 있는데 지금까지 얻어진 관측자료에 의하면 지구 중심부의 밀도는 약 12 근처이고 표면의 밀도는 약 3이며 지구 전체의 평균밀도는 5.5로 추정된다.

밀도 방정식에는 해당물체의 밀도와 질량 그리고 크기가 모두 등장한다. 따라서 이들 중 두 개의 값을 알고 있으면 나머지 하나의 값도 계산할 수 있다. 예를 들어 태양과 비슷한 51 페가수스51 Pegasus의 질량을 알고 있으면 이로부터 51 페가수스가 거느리고 있는(또는 거느리고 있을 것으로 추정되는) 행성의 궤도를 계산할 수 있는데 행성의 주성분이 기체인지, 또는 고체인지에 따라 크기는 얼마든지 달라질 수 있다.

'무겁다' 또는 '가볍다'고 말할 때 사람들은 은연중에 무게가 아닌 밀도를 비교하고 있다. 깃털을 잔뜩 모아 놓으면 한 덩어리의 납보다 무거울 수 있지만 그렇다고 해서 "깃털은 쇠보다 무겁다"고 주장하는 사람은 없다. 납이 깃털보다 무겁다는 것은 누구나 아는 사실이다. 그러나 이 주장이 의미를 가지려면 밀도라는 개념이 도입되어야 한다. 즉 "납은 같은 부피의 깃털보다 무겁다"고 말해야 물리적으로 완벽한 문장이 되는 것이다. 밀도를 구체적으로 언급하지 않으면 혼란이 야기될 수도 있다. 크림은 우유보다 가볍고(밀도가 낮고), 퀸 메리 2호 선박은 물보다 가볍다(밀도가 낮다). 만일 이 문장이 틀렸다면 모든 배는 당장 바다 속으로 가라앉아야 할 것이다.

밀도와 관련된 이야기 한 토막:

중력이 작용하는 곳에서 더운 공기가 위로 올라가는 것은 주변의 찬 공기보다 밀도가 낮기 때문이다. 이와 반대로 차가운 공기는 주변의 더운 공기보다 밀도가 높기 때문에 아래로 가라앉는데 이런 현상은 우주에서도 일어날 수 있다.

고체화된 물(쉬운 말로 '얼음'이라고 한다)은 액체상태의 물보다 밀도가 낮다. 만일 현실이 그 반대였다면 추운 겨울날 호수나 강은 위쪽이 아니라 바닥부터 얼어붙어서 물고기들이 떼죽음을 당할 것이다. 다행히도 차가운 물이 위쪽으로 올라와 먼저 얼어붙기 때문에 물고기들은 얼음으로 차단된 따뜻한 물속에서 여유 있게 헤엄칠 수 있다.

가끔씩 양어장의 물탱크 속에서 고기들이 죽어 나가곤 하는데 이것은 수심에 따른 물의 밀도가 일시적으로 달라졌기 때문에 일어나는 현상이다.

태양계의 다른 행성들과 달리 토성의 밀도는 물의 밀도보다 낮다. 다시 말해서, 토성보다 큰 욕조에 물을 채운 후 토성을 통째로 담그면 물 위에 뜬다는 뜻이다. 그래서 나는 아이들이 목욕할 때 고무 인형보다 고무 토성을 갖고 노는 것이 훨씬 재미있고 교육적일 것이라고 생각한다.

블랙홀이 주변의 물체를 집어삼키면 사건지평선event horizon(빛이 빠져 나올 수 없는 블랙홀 주변의 한계선)의 반지름도 질량에 비례하여 커진다. 이는 곧 "블랙홀의 질량이 증가하면 사건지평선 내부의 평균밀도가 감소한다"는 것을 의미한다. 지금까지 알려진 바에 의하면 블랙홀을 이루는 물질들은 중심부의 작은 점 안에 거의 무한대의 밀도로 밀집되어 있다.

밀도와 관련된 또 하나의 미스터리가 있다. 뚜껑을 따지 않은 다이어트 펩시콜라 캔은 물위에 뜨지만 뚜껑을 따지 않은 일반 펩시콜라 캔은 물속으로 가라앉는다. 밀도가 낮아서 다이어트가 된다는 뜻일까? 자세한 내막은 나도 잘 모르겠다.

여기, 여러 개의 구슬이 들어 있는 상자가 있다. 여기서 구슬의 개수를 두 배로 늘이면 밀도도 두 배로 커지지만 구슬의 개수를 두 배로 늘이면서 상자의 부피도 두 배로 늘이면 밀도는 변하지 않는다(분수의 분자와 분모에 똑같이 2를 곱하면 원래의 분수와 같아진다). 그러나 우주에는 질량과 부피의 비율로 밀도를 정의했을 때 예상 밖의 결과가 얻어지는 물체도 있다. 깃털이 들어 있는 상자의 무게를 단 후 깃털의 양을 두 배로 늘이면 질량은 두 배로 커지지만 밑바닥에 깔린 깃털이 납작해지기 때문에 부피는 두 배로 커지지 않는다. 따라서 이런 경우에는 밀도가 증가하게 된다. 자체 무게로 납작해지는 모든 물체는 이와 같은 특성을 갖고 있다. 물론 지구의 대기도 예외는 아니다. 지표면으로부터 5km 이내에 전체 대기입자의 $\frac{1}{2}$이 응축되어 있다. 대기는 생명체에게 없어서는 안 될 고마운 존재지만 천문학자들에게는 망원경의 시야를 가리는 방해꾼일 뿐이다. 대부분의 천문관측소가 산꼭대기에 위치하고 있는 것은 바로 이런 이유 때문이다.

지표면에서 위로 올라갈수록 대기는 희미해진다. 지표로부터 수천 km 상공으로 올라가면 대기의 밀도가 행성들 사이의 우주공간과 비슷해진다. 우주왕복선과 허블망원경 그리고 다양한 위성들은 수백 km

상공에서 지구를 공전하고 있으므로 대기의 저항을 피할 수 없다. 그래서 주기적으로 추진력을 가해 주지 않으면 점차 속도를 잃다가 결국 지구로 추락하게 된다. 특히 태양의 활동이 왕성해지는 시기(11년마다 한 번씩 찾아온다)에는 대기의 상층부에 다량의 복사에너지가 유입되면서 대기권의 높이가 수천 km나 높아지기 때문에 인공위성의 속도 감소가 평소보다 빠르게 진행된다.

실험실에서 인공적으로 만들어진 진공까지는 아니더라도 일반인들이 느낄 때 '아무것도 없는' 상태에 가장 가까운 것이 바로 공기이다. 아리스토텔레스는 이 세계가 네 종류의 원소 — 흙, 불, 물, 공기로 이루어져 있다고 생각했다. 그 외에 '퀸테센스quintessence'라 불리는 제5원소도 있었는데 이것은 공기보다 가볍고 불보다 신비하며 하늘을 이루는 구성물질로 간주되었다.

대기의 희박함을 느끼기 위해 우주공간으로 날아갈 필요는 없다. 지구의 대기만 분석해도 공기라는 것이 얼마나 희박한 존재인지 실감할 수 있다. 해발 0m 고도에서 공기의 무게는 $1cm^2$당 약 1kg이다. 즉 해수면에서 밑면적이 $1cm^2$이고 높이가 수천 km(대기권의 높이)인 공기기둥을 잘라 내어 저울에 달아보면 약 1kg의 무게가 나간다는 뜻이다. (엄밀히 말해서, 무게는 1kg이 아니라 '1kg·중'이다. kg은 무게가 아닌 질량의 단위이다 : 옮긴이) 참고로 밑면적이 $1cm^2$인 물기둥으로 1kg을 만들려면 10m의 높이만 있으면 된다. 물론 비행기가 날아다니는 상공이나 산꼭대기에서 공기기둥을 잘라 내면 높이가 줄어들기 때문에 무게도 줄어들 것이다. 세계최고성능의 천체망원경이 설치되어 있는 하와이의 마우나케아 화산 꼭대기(해발 4205m)에서 공기의 무게를 측정하면 1cm²당 약 0.7kg이다. 그래서 이곳에 상주하는 과학자들은 두뇌의 원활한 활동을 위해 간간이 산소를 들이마셔야 한다.

해발 160km 이상으로 올라가면 공기가 매우 희박해진다. 이런 환경에서 공기입자들은 다른 입자와 충돌할 때까지 비교적 먼 거리를 이동할 수 있는데 그 와중에 외부에서 유입된 입자와 부딪히면 일시적으로 들뜬 상태가 되었다가 고유한 색상의 스펙트럼을 방출한다. 특히 태양풍을 타고 날아온 양성자나 전자가 공기입자와 충돌하면 휘황찬란한 동영상이 하늘에 연출되는데 이것이 바로 오로라aurora(극광)의 정체이다. 오로라가 처음으로 관측되었을 때 과학자들은 그와 동일한 현상을 실험실에서 재현하려고 시도했지만 번번이 실패했다. 당시에는 원자의 '들뜬 상태excited state'에 대한 이해가 부족했기 때문이다. 지표면 근처에서는 원자들 사이의 충돌이 빈번하게 일어나서 오로라와 같은 빛을 방출할 겨를이 없는 것이다.

신비한 빛을 만들어 내는 것은 지구의 대기뿐만이 아니다. 천체물리학자들은 지난 오랜 세월 동안 코로나corona의 정체를 밝혀내지 못하고 있었다. 코로나란 개기일식(皆旣日蝕) 때 검은 태양의 둘레에서 태양반지름의 몇 배에 걸쳐 밝게 빛나는 부분을 말한다. 현재 알려진 바에 의하면 수천 도에 달하는 태양의 표면에서 대부분의 원자가 이온화되고, 원자에서 탈출한 전자들이 기체처럼 떠다니면서 코로나를 형성한다.

'희박하다'는 말은 주로 기체를 서술할 때 사용된다. 그러나 태양계의 명물인 소행성 띠에도 희박하다는 말을 적용할 수 있다. SF영화나 소설에는 소행성 띠가 매우 위험한 장소인 것처럼 묘사되어 있지만(집 채만 한 바위가 소나기처럼 쏟아지는 공간에서 주인공을 태운 우주선이 절묘하게 피해 가는 장면을 본 적이 있을 것이다), 현실은 전혀 그렇지 않다. 소행성을 모두 합해봐야 달의 질량의 2.5%(또는 지구 질량의 $\frac{1}{81}$)밖에 되지 않는다. 게다가 전체 질량의 75%가 단 네 개의 소행성에 집중되어 있고 나머지 25%에 해당하는 자잘한 소행성들이 폭 160km, 길이 24억 km짜리 궤도에 흩어져서 태양 주변을 공전하고 있다.

혜성의 꼬리는 가늘고 희박하지만 우주공간을 여행하면서 크게는 1000배까지 밀도가 증가한다. 혜성의 꼬리는 흡수된 태양에너지를 재방출하거나 태양빛을 반사하면서 자신의 모습을 선명하게 드러낸다. 혜성연구의 원조격인 하버드-스미소니언 천체물리학센터의 프레드 휘플Fred Whipple은 혜성의 꼬리를 두고 "최소한의 재료로 최상의 효과를 내는 모범적 사례"라고 간결하게 서술했다. 무려 8000만 km에 걸쳐 길게 늘어져 있는 혜성의 꼬리를 지구대기의 밀도와 비슷한 값으로 압축시키면 불과 2km³ 안에 모두 담을 수 있다. 혜성에서 맹독성 시안가스 CN가 처음 발견되었을 무렵 천문학자들이 때맞춰서 "1910년에 혜성이 태양계 내부로 진입한다"고 발표하는 바람에 사람들은 공포에 휩싸였고 이틈을 노린 사기꾼들이 시안가스 중독을 방지한다는 알약을 팔아서 거금을 챙기기도 했다.

열핵에너지의 보고인 태양의 중심부는 밀도가 매우 높지만 부피로 따지면 중심부는 전체의 1%에 불과하다. 태양의 평균밀도는 1.4 정도로서 지구의 $\frac{1}{4}$에 해당된다. 태양을 한 숟가락 떠서 욕조에 담그면 가라앉긴 하겠지만 쇳덩이처럼 빠르게 가라앉지는 않을 것이다. 태양은 지난 50억 년 동안 핵융합반응을 일으키면서 수소를 헬륨으로 바꿔 왔다. 이제 얼마 지나지 않아 수소가 동나면 헬륨끼리 핵융합반응을 일으켜 탄소원자가 만들어질 것이다. 이 과정을 겪으면서 태양은 천 배 이상 밝아지고 표면온도는 지금의 절반으로 떨어진다. 어떤 물체의 밝기가 증가하면서 온도가 떨어지려면 덩치가 커지는 수밖에 없다. 앞으로 5부에서 자세히 설명하겠지만 앞으로 태양은 덩치가 커지면서 지구를 완전히 삼키게 될 것이다. 이때가 되면 태양의 평균밀도는 현재 밀도의 100억 분의 1로 줄어든다. 물론 지구의 표면을 덮고 있는 바닷물은 몽땅 증발하고 생명체도 멸종할 것이다. 태양의 외부 대기는 물론 희박하겠지만 그것이 지구의 공전을 방해하여 속도가 줄어들 것이고, 결국 지구는 나선을 그리며 태양으로 빨려 들어갈 것이다.

현재 인간은 태양계를 넘어 우주로 진출하고 있다. 지금까지 태양계를 벗어난 우주선은 파이오니어 10, 11호와 보이저 1, 2호 뿐이다. 이들 중에서 속도가 가장 빠른 보이저 2호는 25,000년 후에 태양에서 가장 가까운 별에 도달할 것이다.

대부분의 우주공간은 그야말로 '텅 비어 있다.' 그러나 혜성의 희박한 꼬리가 장관을 연출하는 것처럼 근처에 밝은 별이 있으면 가스구름도 쉽게 관측될 수 있다(가스구름의 밀도는 주변 공간보다 수백, 수천 배나 높다). 여기서 날아온 빛이 처음 관측되었을 때 과학자들은 스펙트럼의 정체를 파악하지 못하여 네불륨이라는 이름을 붙여 주었다. 그 후 1800년대 말에 디미트리 멘델레예프Dimitri Mendeleyev가 이 세상에 존재하는 모든 원소를 망라한 주기율표를 완성하였으나 네불륨이 끼어들어갈 자리는 남아 있지 않았다. 과연 네불륨은 지금까지 발견된 적이 없는 새로운 원소였을까? 그러나 진공상태를 만드는 기술이 발전하면서 네불륨의 스펙트럼은 특별한 상태에 있는 산소원자로부터 방출되는 빛으로 판명되었다.

은하는 수천 억 개의 항성(별)을 비롯하여 먼지와 기체, 행성 그리고 온갖 천체의 잔해들로 이루어져 있다. 은하의 경계를 이탈하면 상상조차 하기 어려운 우주적 공허함 속으로 진입하게 된다. 이곳에서 각 변의 길이가 20만 km인 정육면체 안에 들어 있는 원자의 수는 가정용 냉장고 안에 들어 있는 원자의 수와 비슷하다. 지구에 살고 있는 우리들은 물질의 존재에 익숙하지만 사실 대부분의 우주공간은 거의 진공이나 다름없다.

그러나 '완벽한 진공'은 존재하지도 않고 인공적으로 만들 수도 없다. 2부에서 언급한 대로 완벽한 진공에서도 입자와 반입자 쌍이 수시로 나타났다가 사라지고 있다. 다만 이 입자들의 수명이 너무 짧아서 관측되지 않는 것뿐이다. 이들로부터 나타나는 '진공에너지vacuum energy'는 반중력적 압력을 발휘하여 우주의 팽창을 엄청난 속도로 가속시키고 있다. 물론 우주가 팽창할수록 우주공간은 더욱 희박해진다.

그 너머에는 또 어떤 것들이 있을까?

일부 철학자들은 우주의 '바깥'에 공간이나 물질이 존재하지 않는다고 주장한다. 이 가상의 영역을 '밀도 0 지역'이라고 부를 수도 있겠지만, 공간 자체가 존재하지 않는다면 밀도라는 개념도 적용할 수 없다. 공간이 없다면 과연 무엇이 있을까? 사냥개가 찾지 못한 토끼들이 그곳에 모여 마음 편하게 살고 있을 지는 않을까?

무지개를 넘어서

만화에 등장하는 생물학자나 화학자 또는 공학자들은 예외 없이 하얀 실험용 가운을 입고 있다. 가슴부위의 주머니에 펜까지 꽂혀 있으면 더욱 그럴 듯하다. 천체물리학자들도 펜이나 연필을 자주 사용하지만 우주선을 만들 때 빼고는 흰 가운을 거의 입지 않는다. 그들의 실험실은 우주공간이기 때문에 소행성이나 운석이 떨어지지 않는 한 옷을 더럽힐 일이 없다. 언뜻 생각하기엔 꽤나 깔끔하고 폼 나는 직업 같지만 사실 천문학만큼 막연한 학문도 드물다. 옷을 전혀 더럽히지 않으면서 대상을 어떻게 연구한다는 말인가? 천체물리학자들은 수십, 수백 광년이나 떨어져 있는 천체의 성분을 무슨 수로 알아내는 것일까?

그 비밀은 빛 속에 모두 들어 있다. 일단 천체가 빛을 발하면 그로부터 위치와 밝기를 알 수 있지만 빛은 그 이상의 정보를 담고 있다. 물체가 빛을 발할 때 그 속의 원자들은 엄청나게 바쁜 삶을 살고 있다. 조그만 전자들은 끊임없이 빛을 흡수하거나 방출하고 있으며 원자들끼리 격렬하게 충돌하면서 튀어 나온 전자는 빛을 산지사방으로 산란시키고 있다. 이때 방출된 빛에는 원자나 분자의 고유한 성질이 고스란히 담겨 있으므로 빛의 스펙트럼을 분석하면 광원의 정체를 파악할 수 있다.

1666년에 아이작 뉴턴은 백색광을 프리즘에 통과시키면 여러 개의 단색광으로 분리된다는 사실을 알아낸 후 눈에 보이는 색상에 빨간색, 주황색, 노란색, 초록색, 파란색, 남색, 보라색이라는 이름을 붙였다.(물론 이것은 한국식 이름이고, 뉴턴이 명명한 것은 red, orange, yellow, green, blue, indigo, violet이었다. 우리는 이 순서를 '빨주노초파남보'로 외우지만, 영어권에 사는 사람들은 이 순서를 각 색 이름의 첫 자를 따서 'Roy G. Biv.'라는 가상의 이름으로 외우고 있다: 옮긴이) 그 후 뉴턴은 프리즘을 통해 갈라진 빛을 제2의 프리즘으로 다시 모았을 때 원래의 백색광이 나타난다는 사실도 발견하였다. 화가가 사용하는 물감은 무지개 색을 모두 합쳤을 때 검은색이 되지만 빛은 그 반대였던 것이다. 그리고 뉴턴은 프리즘을 통해 갈라진 단색광이 더 이상 분리될 수 없다는 사실도 알아냈다. 통상적으로 말하는 무지개는 일곱 가지 색을 갖고 있지만 실제로 백색광을 분리한 스펙트럼에는 무수히 많은 단색광이 연속적으로 분포되어 있다. 단지 인간의 눈이 그 많은 색상을 구별하지 못할 뿐이다. 이 사실이 알려지면서 천체관측분야는 새로운 시대를 맞이하게 되었다. 그동안 무심히 흘려보냈던 빛 속에 엄청난 양의 정보가 숨어 있었던 것이다!

뉴턴시대의 관측장비로 태양의 스펙트럼을 분석해 보면 일곱 가지 색과 함께 특정 부분에 검은색 줄이 나 있는 것을 볼 수 있다. 이 부분은 빛이 도달하지 않은 영역으로서, 1802년에 이 사실을 처음 발견한 영국의 화학자 윌리엄 하이드 울러스턴William Hyde Wollaston은 단순히 '각 색상들 사이의 경계선'이라고 생각했다. 그 후 스펙트럼분석과 광학기계의 개발에 앞장섰던 독일의 물리학자 요제프 폰 프라운호퍼Joseph von Fraunhofer(1787~1826)는 스펙트럼에 나타나는 검은 선에 대하여 새로운 해석을 내렸다(사람들은 프라운호퍼를 '현대 분광학의 아버지'라 부르고 있지만 나는 그가 '현대 천체물리학의 아버지'였다고 생각한다). 그는 어떤 불꽃에서 발생한 빛을 프리즘에 통과시켜서 얻은 스펙트럼이 태양광선에서 얻은 스펙트럼과 비슷하다는 사실을 발견했다. 뿐만 아니라 이것은 밤하늘에서 가장 밝게 빛나는 카펠라(마차부자리Auriga의 1등성: 옮긴이)를 비롯한 여러 항성의 스펙트럼과도 비슷한 형태를 띠고 있었다.

1800년대 중반에 화학자 구스타프 키르히호프Gustav Kirchhoff와 로베르트 분젠Robert Bunsen(분젠버너의 발명자로 유명하다)은 사설 실험실을 차려 놓고 타는 물체에서 발생하는 빛의 스펙트럼을 얻은 후 이미 알려진 원소의 스펙트럼과 일일이 비교한 끝에 루비듐(Rb)Rubidium과 세슘(Cs)Cesium 등 새로운 원소를 여러 개 발견하였다. 스펙트럼에 나타나는 검은 선은 원소마다 위치가 다르기 때문에 '원소의 지문'과 같은 역할을 한다. 우주에서 두 번째로 풍부한 원소인 헬륨도 태양광선의 스펙트럼을 분석하다가 발견되었다. 당시 과학자들은 헬륨이 태양에만 존재하는 원소라고 생각했으므로 태양을 뜻하는 '헬리오스Helios'에 '-ium'이라는 접미사를 붙여서 '헬륨Helium'이라고 명명하였다.

원자와 전자들이 스펙트럼선을 만들어 내는 구체적인 과정은 그로부터 약 50년 후에 양자역학이 본격적으로 연구되면서 알려지기 시작했지만 그 전에도 개념적인 연구는 상당히 진척되어 있었다. 뉴턴의 중력법칙이 실험실에 한정된 물리학을 태양계까지 확장시켰던 것처럼 프라운호퍼는 실험실로 한정되어 있던 화학의 무대를 우주 전역으로 넓혀 놓았다. 우주가 어떤 원소로 이루어져 있으며 어떤 온도와 압력에서 원자들이 분광기에 모습을 드러내는지 역사상 처음으로 알 수 있게 된 것이다.

안락의자에 앉아 공상을 즐기면서 난해한 말만 늘어놓는 철학자들은 과학의 급속한 발전을 따라가지 못했다. 여기서 잠시 오귀스트 콩트Auguate Comte(1798~1857, 프랑스의 실증주의 철학자 : 옮긴이)가 1835년에 발표한 『실증철학강의Cours de la Philosophie Positive』의 한 구절을 읽어 보자.

지금까지 별을 관측하면서 얻은 자료들은 결코 단순한 진리로 요약될 수 없으므로 …… 아무 짝에도 쓸모가 없다. 인간은 별의 화학적 성분을 결코 알아낼 수 없을 것이다……. 과학자들은 별의 온도와 관련된 여러 가지 학설을 늘어놓고 있지만, 정작 별의 온도가 얼마인지는 영원히 알아내지 못할 것이다.(16쪽)

그로부터 7년이 지난 1842년에 오스트리아의 물리학자 크리스티안 도플러Christian Doppler는 파동을 생성하는 파원이 움직이고 있을 때 파동의 진동수가 변하는 현상을 발견했는데 이것이 바로 그 유명한 '도플러효과Doppler effect'이다. 즉 파원이 이동할 때 파원의 뒤쪽은 파장이 길어지고(진동수가 작아지고), 파원의 앞쪽은 파장이 짧아진다(진동수가 커진다). 이 효과는 파원의 속도가 빠를수록 크게 나타나며 모든 종류의 파동에 똑같이 적용된다. 따라서 만일 당신이 파원으로부터 방출되는 파동의 진동수를 이미 알고 있는데 정작 관측된 진동수가 이 값과 다르다면 파원이 어떤 속도로 멀어져 가고 있는지(또는 다가오고 있는지) 알 수 있다. 도플러는 1842년에 발표한 논문에 다음과 같이 적어놓았다.

> 멀지 않은 미래에 천문학자들은 이 효과(도플러효과)를 이용하여 별의 움직임을 관측할 수 있게 될 것이다……. 지금 당장은 상상하기 어렵겠지만 …… 언젠가는 반드시 현실로 다가올 것이다.(슈비펠Schwippell 1992, 46쪽~54쪽)

도플러효과는 음파와 광파(빛) 등 모든 파동에서 한결같이 나타나는 현상이다(이 효과가 '마이크로파 레이더 총'에 적용되어 한계속도보다 빠르게 달리는 운전자들에 벌금을 부과하는 수단으로 사용되고 있다는 것을 도플러가 알면 어떤 표정을 지을지 궁금하다). 그 후 도플러는 1845년까지 달리는 기차 위에 악기 연주자를 태우고 음정의 변화를 관측하는 실험을 꾸준하게 수행하였다.

1800년대 말에 분광사진기를 비롯한 현대식 장비가 일반화되면서 천문학은 새로운 중흥기를 맞이하게 된다. 천체물리학astrophysics이 하나의 학문분야로 자리를 잡은 것도 이 무렵이었다. 1895년에 창간된 학술지 「천체물리학 저널Astrophysical Journal」은 20세기 천체물리학을 선도했고 1962년부터는 '분광학 및 천체물리학 국제 논평 International Review of Spectroscopy and Astronomical Physics'이라는 부제를 달고 출간되었다. 지금도 우주관측과 관련된 대부분의 논문은 스펙트럼 분석과 직—간접적으로 연관되어 있다.

별빛의 스펙트럼을 얻으려면 일반적인 사진기보다 훨씬 많은 빛을 모아야 한다. 그래서 천체를 관측할 때에는 하와이에 있는 직경 10m짜리 케크Keck망원경과 같은 초대형 장비가 동원된다. 우리에게 스펙트럼을 분석하는 능력이 없다면 우주에서 무슨 일이 진행되고 있는지 전혀 알 수 없을 것이다.

천체물리학자들은 각 천체의 구조와 진화과정에 관한 거의 모든 지식을 스펙트럼으로부터 추론해 내고 있다. 그러나 연구대상을 놓고 다양한 추론을 내리다 보면 스펙트럼분석은 부수적 도구로 변하곤 한다. 대상이 지나치게 복잡한 경우에는 유사한 사례를 들거나 비유적 표현을 사용하여 이해를 도모할 수 있다. 생물학자들은 DNA분자를 설명할 때 '두 개의 나선형 고리'라는 표현을 자주 사용한다. 두 고리는 여러 개의 가로대를 통해 서로 연결되어 전체적으로 '꼬인 사다리' 모양을 하고 있다. 우리는 고리를 상상할 수 있으며 이들이 사다리 모양으로 연결된 모습도 쉽게 떠올릴 수 있다. 이런 식으로 생물학자들의 비유적 표현을 따라가다 보면 DNA의 외형을 머릿속에 그릴 수 있게 되는 것이다. 이때 각 단계의 설명은 분자의 실제 형태를 조금씩 변형시킨 것으로서 이들이 하나로 결합되면 문제의 난이도와 상관없이 머릿속에 특정한 영상이 떠오른다.

다시 본론으로 돌아가자. 별들이 멀어지는 속도를 어떻게 알 수 있을까? 그 원리를 이해하려면 다섯 단계의 추상화과정을 거쳐야 한다.

　0단계: 별

　1단계: 별 그리기

　2단계: 별에서 방출되는 빛

　3단계: 별에서 방출되는 빛의 스펙트럼

　4단계: 별에서 방출되는 빛의 스펙트럼에 나타난 검은 선의 패턴

　5단계: 별에서 방출되는 빛의 스펙트럼에 나타난 검은 선의 패턴

　　　　이동

　0단계에서 1단계로 가는 것은 아주 쉽다. 직접 카메라로 찍거나 누군가가 찍어 놓은 사진을 재활용할 수도 있다. 그러나 5단계에 이르면 머릿속이 혼란스러워 지거나 갑자기 졸음이 엄습해 올 것이다. 바로 이러한 이유 때문에 우주에서 새로운 사실이 발견될 때마다 스펙트럼이 얼마나 중요한 역할을 해 왔는지 일반인들은 잘 모르고 있다. 관련 내용을 효율적으로 쉽게 설명하다 보면 어쩔 수 없이 원래의 대상에서 멀어지게 된다.

　역사박물관에 입장하면 전시장에 진열되어 있는 바위나 뼈, 도구, 화석 등이 제일 먼저 눈에 띈다. 이런 것들은 '0단계 표본'으로서 자세한 분석을 하지 않아도 대상의 특성을 파악할 수 있다. 그러나 천체물리학 박물관에는 별이나 퀘이사quasar(준항성체)의 실물을 전시할 수 없다. 퀘이사 근처로 가면 박물관은커녕 지구조차도 증발해 버릴 것이다.

　그래서 천체물리학은 아름답고 충격적인 사진이나 그림 등 주로 1단

계 표본을 제시한다. 현대 천문학의 총아라 할 수 있는 허블망원경은 지금도 지구상공 610km 궤도를 선회하면서 우주의 장관을 고해상도 컬러사진에 담아 전송하고 있다. 그런데 문제는 이 사진을 보는 사람들이 아름다운 장관에 매혹되어 주로 시적인 감상을 떠올린다는 점이다. "아, 우주는 정말 방대하고 아름답구나! 이에 비하면 지구의 한 구석에 살고 있는 나는 얼마나 작고 초라한 존재인가!" — 제법 철학적이긴 하지만 이런 감상은 우주의 구조를 이해하는데 아무런 도움도 되지 않는다. 우주의 작동원리를 제대로 이해하려면 0단계에서 5단계까지 순차적으로 밟아 나가야 한다. 신문이나 잡지에 실린 우주의 사진은 언제 봐도 아름답고 웅장하지만 우주에 관한 지식은 사진이 아닌 스펙트럼을 분석하면서 쌓이는 것이다. 나는 독자들이 0 또는 1단계뿐만 아니라 5단계까지 경험해 볼 것을 적극 권하고 싶다. 이 과정을 겪다 보면 논리적 사고방식과 지적인 이해도 자연스럽게 따라올 것이다.

성운이나 은하의 가시광선 영역만 보여 주는 아름다운 사진을 감상하는 것과 기체구름 속에 숨어 있는 전파 스펙트럼을 분석하는 것은 전혀 다른 일이다. 은하의 곳곳에 퍼져 있는 기체구름은 새로 태어날 별의 모태이자 보육원의 역할을 하고 있다.

큰 질량을 가진 별이 폭발하는 위치는 사진을 통해 알 수 있다. 그러나 이 죽어 가는 별의 가시광선 및 X선 스펙트럼을 분석하면 무거운 원소들이 퍼져 있는 위치를 비롯하여 지구의 구성성분까지 추정할 수 있다. 우리는 별들 사이에서 살고 있지만, 동시에 별들도 우리 속에 살고 있는 것이다.

아름다운 나선은하 사진이 실려 있는 포스터를 들여다보는 것과 은하의 스펙트럼에서 도플러효과를 분석하는 것도 전혀 다른 일이다. 이 분석에 의하면 은하를 구성하는 천억 개의 별이 뉴턴의 중력법칙을 따라 초속 200km로 회전하고 있으며 은하 전체는 광속의 $\frac{1}{10}$에 달하는 속도로 지구로부터 멀어져 가고 있다. 다시 말해서 우주가 팽창하고 있다는 뜻이다. 제아무리 뛰어난 천문학자라 해도 은하의 사진만 들여다보고 우주가 팽창한다는 사실을 추론하는 것은 절대 불가능하다.

또한 태양계에 가까운 곳에서 밝기와 온도가 태양과 비슷한 별을 관측하는 것과, 초고감도 도플러효과 감지기를 이용하여 그 별 주변에서 행성들을 발견하는 것은 전혀 다른 일이다. 지금까지 태양계 바깥에서 발견된 행성은 200여 개에 이른다.

우주의 변방에서 퀘이사를 발견하는 것과 퀘이사의 스펙트럼을 철저히 분석하여 관측가능한 우주의 전체적인 구조를 추정하는 것도 전혀 다른 일이다. 퀘이사에서 방출되는 빛은 지구에 도달할 때까지 가스구름 등 수많은 장애물을 거치는데 이 과정에서 스펙트럼에 다양한 변화가 초래된다.

원자가 자기장 속에 진입하면 구조적으로 약간의 변화를 겪게 된다(그렇지 않다면 자기유체역학magnetohydrodynamics을 연구하는 학자들은 당장 할 일이 없어질 것이다!). 자기장 속에 있는 원자들로부터 얻은 스펙트럼을 분석해 보면 이 변화를 분명하게 감지할 수 있다.

또한 도플러효과에 아인슈타인의 상대성이론을 적용하면 우주팽창 속도가 변하는 양상과 우주의 나이 그리고 앞으로 다가올 우주의 미래까지 예측할 수 있다.

다소 역설적으로 들리겠지만 지금까지 우리는 우주에 대하여 깊은 바다 속의 생태계나 지구 내부의 지질학적 구조보다 훨씬 구체적이고 방대한 지식을 쌓아 왔다. 과거의 천문학자들은 원시적인 망원경으로 하늘의 겉모습 밖에 볼 수 없었지만 현대의 천체물리학자들은 고성능 천체망원경과 분광학의 첨단기술을 이용하여 우주로 한없이 나아가고 있다. 언젠가는 지구의 연구실에 앉아서 멀리 있는 별을 '만질 수 있는' 날이 반드시 찾아올 것이다.

제 16 장

우주의 창

1부에서 말한 바와 같이 인간의 눈은 신체기관 중에서 가장 발달한 부분이라 할 수 있다. 눈은 초점거리를 자유자재로 바꿀 수 있고 다양한 밝기에 적응할 수 있으며, 수많은 색상을 구별할 수 있다. 하지만 적외선이나 자외선 영역으로 들어가면 인간은 곧바로 장님이 된다. 인간의 귀는 어떤가? 박쥐는 인간의 가청주파수보다 10배 이상 높은 초음파를 감지하면서 어두운 동굴 속을 자유롭게 날아다닌다. 그리고 인간의 후각이 개와 비슷한 수준이었다면 공항 검색대에 탐지견 대신 사람이 투입되었을 것이다.

모든 발견의 역사는 인간의 타고난 감지능력을 확장시키려는 욕망에 뿌리를 두고 있다. 우주를 관측하고 새로운 사실을 발견하는 행위도 예외는 아니다. 1960년대 초에 구소련과 NASA는 달과 행성을 정복하기 위한 탐사선을 우주공간에 띄우기 시작했고(여기 탑재된 모든 장비는 컴퓨터로 제어되었으므로 따지고 보면 거대한 '로봇'이었던 셈이다), 이때 사용된 기술은 지금도 우주개발의 표준으로 남아 있다. 우주공간에서 활약하는 로봇은 여러 가지 면에서 인간보다 뛰어난 장점을 갖고 있다. 인간은 생명체이기 때문에 우주공간에서 생명활동을 유지하기 위해 막대한 비용을 지출해야 하지만 로봇을 사용하면 이와 관련된 비용이 전혀 들지 않는다. 로봇은 먹지도, 자지도 않을뿐더러 거추장스러운 우주복을 입을 필요도 없다. 뿐만 아니라 로봇은 주어진 임무를 가장 효율적으로 수행할 수 있도록 언제든지 수정-보완될 수 있으며, 뜻밖의 사고가 났을 때 부분적으로 망가지긴 하겠지만 결코 죽지는 않는다. 그러나 컴퓨터는 인간의 호기심과 번뜩이는 영감을 흉낼 수 없고 무언가를 바라보다가 예기치 않은 발견을 우연히 이루어 내는 '인간적인' 능력도 없다. 아직 컴퓨터는 입력된 프로그램에 따라 움직이는 멍텅구리에 불과하다. 이 한계를 극복하지 못하는 한 컴퓨터는 이미 예견된 발견을 현장답사로 확인하는 보조기구에 머물 수밖에 없다.

인간의 보잘 것 없는 오감 중에서 감지 가능영역이 가장 크게 확장된 것은 단연 시력이다. 과거의 인간은 가시광선밖에 볼 수 없었지만 지금은 첨단 장비를 이용하여 전자기파의 모든 스펙트럼을 직-간접적으로 볼 수 있게 되었다. 19세기 말에 독일의 물리학자 하인리히 헤르츠Heinrich Hertz는 일련의 실험을 통해 과거에 전혀 다른 종류로 간주되었던 복사radiation를 하나의 체계로 통합하였다. 전파와 적외선, 가시광선, 자외선 등은 모두 하나의 빛에서 각기 다른 에너지를 갖고 파생된 사촌지간이었던 것이다. 헤르츠가 발견한 모든 빛을 낮은 에너지 순으로 연결하면 전파 — 마이크로파 — 적외선 — 가시광선('빨주노초파남보'로 대변되는 무지개 색상이 여기 해당된다) — 자외선 — X선 — 감마선의 연속 스펙트럼이 얻어진다.

X선처럼 물체를 투시하는 슈퍼맨의 초능력도 오늘날에는 별 볼일 없게 되었다. 물론 슈퍼맨은 힘이 장사여서 초대형 망원경을 직접 들어 옮길 수 있겠지만 현대의 천체물리학자들은 전자기파의 모든 스펙트럼 영역을 볼 수 있으므로 슈퍼맨보다 훨씬 뛰어난 능력을 보유하고 있는 셈이다. 만일 천체물리학자들이 가시광선 영역밖에 볼 수 없었다면 인간은 '무지한 소경'으로 남았을 것이다. 대부분의 우주 현상은 가시광선이 아닌 다른 창문을 통해 그 모습을 드러내고 있기 때문이다.

전파나 마이크로파 등 우주에서 날아오는 가시광선 이외의 빛을 감지하려면 인간의 망막과 전혀 다른 감지기를 사용해야 한다.

1932년에 벨 전화연구소의 직원이었던 카를 잰스키 Karl Jansky 는 라디오 안테나를 이용하여 지구 밖에서 날아온 전파를 인류 역사상 최초로 감지하였다. 그것은 은하수의 중심부에서 방출된 매우 강력한 전파였는데 만일 인간의 가시영역이 전파에 국한되어 있다면 밤하늘에서 찬란하게 빛나는 은하수의 중심을 맨눈으로 볼 수 있었을 것이다.

특수 제작된 장비를 이용하면 전파를 소리로 바꿀 수 있다. "아니, 빛을 소리로 바꾼다고? 그게 가능한가?"라고 묻기 전에 잠시 방안을 둘러보라. 어딘가에 라디오가 있지 않은가? 특수장비란 바로 이 라디오를 말한다. 빛의 감지영역을 확장시킨 결과 가청영역도 함께 확장된 것이다. 전파를 비롯한 모든 형태의 에너지는 적절한 과정을 거쳐 원뿔모양의 스피커를 진동시킬 수 있다. 그런데 신문기자들은 이 간단한 사실을 잘못 이해하는 경우가 종종 있다. 예를 들어 천문학자들이 "토성에서 날아온 전파가 수신되었다"고 말하는 것은 "토성에서 방출된 전파 중 일부가 지구에 도달했는데 변환장치를 이용하면 음성신호로 들을 수도 있다"는 뜻이다. 그런데 기자들은 이것을 "토성에서 방출된 음성신호가 지구의 천문학자들에게 감지되었다. 아마도 토성에 사는 생명체가 지구인들에게 무언가 말하려는 것 같다"는 뜻으로 오해하곤 한다.

요즘은 잰스키가 사용했던 것보다 훨씬 뛰어난 전파 감지기가 널리 공급되어 있고, 그 덕분에 천체물리학자들은 은하수를 넘어 우주전역을 탐사할 수 있게 되었다. 그러나 전파의 감지가 처음 도입되던 무렵에는 천문학자들조차도 "보는 것이 곧 믿는 것이다"라는 선입견을 극복하지 못하여 전파가 감지된 곳을 기존의 광학망원경으로 확인한 후에야 비로소 새로운 발견을 인정하곤 했다. 다행히 전파를 방출하는 대부분의 천체는 가시광선의 일부도 같이 방출하기 때문에 구식 망원경을 이용하여 전파망원경이 발견한 내용을 검증할 수 있었다. 전파망원경이 천문학에 도입된 후로 과학자들은 우주의 변방에서 엄청난 빛을 발하는 신비의 천체 퀘이사('quasi-stellar radio source' 전파를 방출하는 준항성체를 줄여서 만든 단어이다)를 발견하는 등 실로 다양한 발견을 이루어 냈다.

기체로 뒤덮여 있는 은하를 관측하면 수소원자에서 방출된 전파를 어렵지 않게 감지할 수 있다(우주의 90%는 수소원자로 이루어져 있다). 전파망원경을 여러 개 연결하여 해상도를 향상시키면 은하를 덮고 있는 수소구름의 다양한 형태를 선명한 그림으로 감상할 수 있다. 은하의 지도를 그리는 작업은 15~16세기의 지도제작법과 크게 다르지 않다.

다만 천체물리학자들은 인간이 갈 수 없는 곳의 정보를 취합하여 훨씬 스케일이 큰 지도를 제작한다는 것뿐이다.

인간의 눈이 마이크로파를 볼 수 있을 정도로 예민하다면 고속도로의 주변에 숨어서 과속차량을 단속하는 경찰이 당신의 차를 향해 스피드건을 조준했을 때 총구에서 뿜어져 나오는 마이크로파를 선명하게 볼 수 있을 것이다. 뿐만 아니라 마이크로파를 전송하는 전화송신탑 주변에서도 밤마다 휘황찬란한 빛을 볼 수 있다. 그러나 마이크로파로 음식을 데우는 오븐(전자레인지)의 빛은 볼 수 없을 것이다. 문에 달려 있는 망이 마이크로파의 유출을 막아 주기 때문이다. 이 장치가 없다면 오븐을 바라보는 당신의 눈은 음식과 함께 요리될 것이다!

우주관측에 마이크로파 망원경이 본격적으로 사용되기 시작한 것은 1960년대 말부터였다. 마이크로파 망원경은 별들 사이의 차갑고 빽빽한 가스구름을 관측하는 데 매우 효율적이다. 이 구름들은 장차 한 곳으로 뭉쳐서 별로 진화할 것이다. 가스구름 속에 섞여 있는 무거운 원소들은 복잡한 분자로 결합하여 마이크로파의 스펙트럼에 흔적을 남기는데 지구에서 발견된 동일 분자와 비교하면 그 정체를 완벽하게 규명할 수 있다.

우주공간에서 발견되는 분자들 중 우리와 친숙한 목록을 나열해 보면 대충 다음과 같다.

NH_3(암모니아)
H_2O(물)

아래의 분자들은 인체에 치명적이다.

CO (일산화 탄소)
HCN (사이안화 수소)

개중에는 병원을 연상시키는 분자들도 있다.

H_2CO (포름알데히드)
C_2H_5OH (에틸알콜)

그러나 아래의 분자식을 보면 아무런 생각도 나지 않을 것이다.

N_2H^+ (수소화 질소 이온)
CHC_3CN (사이안화 다이아세틸렌)

이밖에 130여종의 분자가 발견되었는데 그중에는 단백질의 구성성분인 글리신glycine(아미노아세트산)도 있다. 따라서 우주 어딘가에 생명체가 존재하거나 앞으로 존재하게 될 가능성은 얼마든지 있는 셈이다.

그러나 뭐니 뭐니 해도 마이크로파 망원경이 이루어 낸 가장 위대한 업적은 빅뱅의 잔해인 마이크로파 배경복사microwave background radiation를 발견한 것이다. 빅뱅으로 우주가 탄생하던 무렵에는 공간 전체가 초고온상태였으나 그 후로 계속 팽창하면서 지금은 거의 절대온도 0도에 가까울 정도로 차갑게 식었다. 그러나 빅뱅의 거대한 에너지는 지금도 마이크로파의 형태로 우주 전역에 남아 있는데 이것을 배경복사라 한다(이 장의 뒷부분에서 다시 언급하겠지만 절대온도 0도는 자연에 존재할 수 있는 가장 낮은 온도이며 이보다 더 낮은 온도는 원리적으로 불가능하다. 절대온도 0도를 섭씨로 환산하면 $-273\,^\circ\mathrm{C}$이다). 1965년에 벨 전화연구소의 물리학자

아노 펜지어스Arno Penzias와 로버트 윌슨Robert Wilson은 전파망원경에 잡히는 잡음을 추적하다가 우연히 배경복사를 발견하여 1978년에 노벨상을 수상하였다. 지금도 배경복사는 우주 전역에 골고루 퍼져 있으면서 말없이 빅뱅을 증명하고 있다.

펜지어스와 윌슨의 발견은 흔히 "잉어를 잡으려다 고래를 낚은" 운 좋은 사례로 기억되고 있다. 이들은 안테나로 수신되는 신호를 분석하다가 정체불명의 잡음을 발견하였는데 안테나의 내부에 묻어 있는 새의 배설물을 말끔히 닦아낸 후에도 그 잡음은 사라지지 않았다. 그 후 주변 사람들의 도움을 받아 잡음의 정체를 추적한 끝에 우주배경복사라는 사실을 알게 되었다.

전자기파의 스펙트럼에서 가시광선의 붉은색을 벗어나면 적외선 영역으로 들어선다. 적외선은 눈에 보이지 않지만 햄버거를 광적으로 좋아하는 사람들은 패스트푸드점에서 프렌치프라이를 데울 때 적외선램프가 사용된다는 사실을 잘 알고 있을 것이다. 물론 이 램프에서는 가시광선도 방출되지만 일반적으로 음식은 가시광선보다 적외선을 훨씬 잘 흡수한다. 만일 사람의 눈이 적외선을 볼 수 있다면 밤에 모든 조명이 꺼진 일반 가정집에서 밝은 빛을 볼 수 있을 것이다. 실내온도보다 높은 온도를 유지하는 모든 물체(방금 끈 다리미, 온수파이프, 사람의 피부 등)에서 적외선이 방출되고 있기 때문이다. 물론 이 광경이 가시광선을 보는 것보다 아름답지는 않겠지만 겨울에 집에서 열이 밖으로 새는 부분을 쉽게 찾을 수 있을 것이다.

어린 시절 나는 밤에 실내등을 끄면 침실 옷장에 숨어 있는 귀신을 적외선으로 찾을 수 있다고 생각했다. 물론 이것이 가능하려면 귀신도 사람처럼 따뜻한 피가 흐르고 있어야 한다. 그러나 지금 생각해 보면 침실귀신은 파충류를 닮았기 때문에 차가운 피가 흐를 것 같다. 따라서 적외선만으로 사물을 파악한다면 침실귀신과 벽을 구별하기 어려울 것이다.

적외선은 별의 모태인 가스구름을 관측할 때에도 매우 유용하다. 갓 탄생한 별은 대부분 기체와 먼지로 덮여 있는데 이 구름이 별에서 방출된 가시광선의 대부분을 흡수하고 적외선을 재복사하기 때문에 일반 광학망원경으로는 보이지 않는다. 가시광선은 별들 사이에 퍼져 있는 먼지구름에 대부분 흡수되지만 적외선은 먼지구름을 비교적 쉽게 통과한다. 그래서 적외선망원경을 사용하면 먼지와 기체가 사방에 흩어져 있는 우리의 은하를 좀 더 분명하게 관측할 수 있다. 또한 지구의 표면을 적외선사진기로 촬영하면 난류의 흐름이 선명하게 드러나서 해류에 의한 기후의 변화를 정확하게 예견할 수 있다.

6,000K의 태양 표면에서 방출되는 빛에는 적외선도 포함되어 있지만 가시광선이 가장 많이 포함되어 있기 때문에 지구에서 주로 낮에 활동하는 생명체(물론 인간도 포함된다)의 눈은 가시광선 영역의 빛에 가장 민감하게 반응하도록 진화해 왔다. 만일 가시광선 영역과 인간의 눈이 볼 수 있는 빛의 영역이 일치하지 않았다면 지금과 같은 시야를 확보하지 못했을 것이다.(가시광선(可視光線)이라는 단어 자체에 '눈으로 볼 수 있는 빛'이라는 의미가 들어 있기 때문에 위의 문장은 조금 어색한 감이 있다. 이 책에서는 가시광선을 '눈에 보이는 빛'이 아니라 '빛의 특정 진동수 영역'을 칭하는 단어로 사용하고 있다 : 옮긴이) 가시광선은 대부분의 물체를 통과하

지 못하지만 유리나 공기 속은 자유롭게 지나갈 수 있다. 그러나 자외선은 유리를 통과하지 못한다. 따라서 우리의 눈이 자외선만 볼 수 있다면 유리나 벽돌담이나 똑같을 것이다.

태양보다 3~4배 정도 뜨거운 별들은 엄청난 양의 자외선을 방출하고 있다. 다행히도 이런 별들은 가시광선도 방출하기 때문에 굳이 자외선망원경을 사용하지 않아도 관측할 수 있다. 단 지구로 쏟아지는 X선과 감마선 등 대부분의 자외선은 대기의 오존층에 흡수되기 때문에 뜨거운 별을 관측하려면 대기 위에 떠 있는 위성이나 허블망원경을 사용해야 한다. 고에너지 스펙트럼 분석은 비교적 최근에 부각되기 시작한 분야이다.

20세기의 첫해인 1901년에 독일의 물리학자 빌헬름 뢴트겐Wilhelm C. Röntgen은 X선을 발견하여 제1회 노벨 물리학상을 수상하는 영예를 안았다. 우주에서 날아오는 자외선과 X선은 신비로 가득 찬 블랙홀의 존재를 강하게 시사하고 있다. 블랙홀은 중력이 너무 강하여 빛조차도 빠져 나오지 못하기 때문에 망원경으로는 그 존재를 직접 확인할 수 없다. 그러나 블랙홀 주변에 있는 뜨거운 별이(태양보다 20배 이상 뜨거워야 한다) 블랙홀의 엄청난 중력에 휘말려서 나선을 그리며 빨려 들어가고 있다면 그로부터 다량의 자외선과 X선이 방출된다. 지금까지 알려진 모든 블랙홀은 이와 같이 간접적으로 관측된 것이다.

무언가를 발견했다고 해서 그것을 반드시 이해한다는 보장은 없다. 마이크로파 배경복사를 처음 발견했을 때도 그랬다. 지금은 감마선폭발이 정체불명의 사건으로 남아 있다. 6부에서 다시 언급하겠지만 천문학자들은 우주에 떠 있는 감마선망원경을 이용하여 하늘에 골고루 퍼져 있는 고에너지 감마선을 발견했는데 그 출처는 아직 밝혀지지 않고 있다.

관측의 범위를 원자세계로 확장시키면 뉴트리노neutrino(중성미자)를 탐색자로 사용할 수 있다. 2부에서 설명한 바와 같이 그 성질을 종잡을 수 없는 뉴트리노는 양성자가 중성자와 양전자(전자의 반입자)로 붕괴될 때마다 생성되는데 이 과정은 태양의 중심부에서 매 초마다 약 100×10억 $\times 10$억 $\times 10$억 $\times 10$억 회(10^{38}회)씩 일어나고 있다. 빛이 태양의 중심에서 표면까지 도달하려면 100만년이나 걸리지만(6장 참조), 중심부에서 생성된 뉴트리노는 아무런 방해도 받지 않고 순식간에 태양을 탈출하여 산지사방으로 흩어진다. 만일 뉴트리노를 잡아내는 '뉴트리노망원경'을 만들 수 있다면, 태양의 중심부에서 진행되고 있는 핵융합 과정을 적나라하게 볼 수 있을 것이다(가시광선을 잡아내는 일반 망원경으로는 결코 볼 수 없는 광경이다). 그러나 애석하게도 뉴트리노는 다른 물질과 상호작용을 거의 하지 않기 때문에 잡아내기가 거의 불가능하다. 정상적인 망원경이라면 신호를 반사하거나 굴절시켜서 한 점에 모을 수 있어야 하는데 뉴트리노는 모든 물질을 그냥 통과해 버리기 때문에 '신호'의 역할을 하지 못하는 것이다. 뉴트리노망원경이 절대 불가능한 것은 아니지만 지금 당장은 막연한 희망사항일 뿐이다.

우주에서 초대형사고가 터지면 중력파가 발생한다. 아인슈타인은 1916년에 일반상대성이론을 발표하면서 중력파의 존재를 처음으로 예견하였다. 잔잔한 호수에 돌멩이를 던지면 파문이 퍼져 나가듯이 우주의 한 지점에서 거대한 폭발이나 이에 준하는 대형사고가 발생하면 시공간에 주름이 생기면서 중력파가 퍼져 나간다. 그러나 애석하게도 아직 발견된 사례는 없다. 캘리포니아 공과대학Caltech의 물리학자들은 길이 4km짜리 L자 모양 진공파이프를 이용하여 중력파 감지를 시도하고 있다. 파이프에 중력파가 도달하면 빛의 진행거리에 변화가 생기면서 L자 중 한쪽의 길이가 다른 쪽의 길이와 아주 조금 달라지는데 이 차이는 레이저빔을 통해 관측되도록 세팅되어 있다. 리고(LIGO)Laser Interferometer Gravitational-wave Observatory라는 이름으로 알려진 이 장치는 1억 광년 떨어진 곳에서 별의 충돌에 의해 발생한 중력파까지 감지할 수 있을 정도로 예민하다. 미래에는 별의 충돌이나 폭발 또는 붕괴 때문에 발생한 중력파가 수시로 감지될지도 모른다. 여기서 한 걸음 더 나아가면 우주배경복사의 커튼을 젖히고 시간이 시작되는 시점까지 거슬러 올라갈 수도 있다.

제17장

우주의 색

밤하늘에서 우리 눈의 색상인지세포를 자극할 정도로 강한 빛을 발하는 천체는 그리 많지 않다. 붉은빛을 내는 화성과 베텔기우스 Betelgeuse(오리온의 왼쪽 겨드랑이) 그리고 푸른빛을 내는 리겔Rigel(오리온자리의 1등성으로 오리온의 오른쪽 무릎에 위치하고 있다)은 색깔이 있는 빛을 방출하고 있지만 이들을 제외한 나머지는 거의 흑백에 가깝다. 다들 알다시피 맨눈으로 보는 밤하늘은 색상과 거리가 멀다.

대형 망원경으로 바라보면 밤하늘은 비로소 고유의 색상을 드러낸다. 별들은 기본적으로 세 가지 색 — 붉은색, 흰색, 푸른색을 띠고 있다. 별들 사이에 퍼져 있는 기체구름은 구성성분과 촬영방식에 따라 어떤 다른 색을 띨 수 있지만, 별의 색은 오직 온도에 의해 좌우된다. 차가운 별은 붉은색 빛을 발하고 미지근한 별은 흰색으로 보인다. 그리고 뜨거운 별은 푸른색으로 보이고, 아주 뜨거운 별도 푸른색으로 보인다. 온도가 1500만 도나 되는 태양의 중심부는 무슨 색일까? 푸른색이다. 천체물리학자가 볼 때 '붉게 데워진' 음식과 '붉게 달아오른' 연인들은 아직 더 뜨거워질 수 있는 여지가 충분히 남아 있다.

천체물리학의 법칙과 인간의 생리적 기능은 초록색 별의 존재를 금지하고 있다. 그렇다면 노란색 별은 어떨까? 대부분의 공상과학소설과 일부 천문학서적을 보면 태양이 노란색으로 묘사되어 있다. 대부분의 독자들도 태양이 노랗다는 데 별다른 이견을 달지 않을 것이다. 그러나 전문 사진작가들은 태양이 푸르다는 사실을 잘 알고 있다. 그들은 대낮에 찍은 하늘사진의 색상을 보정할 때 "태양은 푸른색이다"라는 기준을 사용한다. 카메라 플래쉬가 푸른색 빛을 발하는 것도 태양빛과 비슷한 효과를 내기 위한 조치이다. 반면에 창고에서 대부분의 시간을 보내는 예술가들은 태양이 흰색이라고 주장할 것이다.

일출이나 일몰 때 태양이 오렌지계열의 노란색이라는 데에는 이견의 여지가 없다. 그러나 해가 중천에 뜨면 햇빛이 통과하는 대기의 두께가 얇아져서 산란이 적게 일어나기 때문에 노란색이 강하게 부각되지 않는다. 독자들도 잘 알다시피 노란색 광원에서 방출된 빛으로 사물을 비추면 대부분 노란색으로 보인다. 따라서 태양이 정말로 노란색이라면 들판에 쌓인 눈도 노란색으로 보여야 할 것이다.

천체물리학자들의 온도감각은 일반인들과 사뭇 다르다. 그들은 절대온도 1,000～4,000K인 물체를 붉은색으로 간주하고 '차갑다'는 표현을 사용한다.(절대온도에서 273을 빼면 섭씨온도가 된다. 따라서 온도가 수천 도를 넘어가면 절대온도나 섭씨온도나 별 차이가 없다: 옮긴이) 그러나 고성능 백열전구는 온도가 3,000도에 가까움에도 거의 흰색으로 보인다. 1,000도

이하의 물체들이 방출하는 빛에는 가시광선의 강도가 현격하게 줄어든다. 기체구름이 구형으로 뭉친다 해도 이 정도 온도에서는 별이 될 수 없다. 이런 천체는 가시광선을 거의 방출하지 않기 때문에 갈색으로 보일 리가 없는데도 '갈색왜성 brown dwarf'이라는 이름으로 불리고 있다.

'블랙홀'이라는 이름을 들으면 검은 물체를 떠올리는 사람도 있겠지만 사실 블랙홀은 완전히 검은색이 아니다. 스티븐 호킹 Stephen Hawking의 이론에 의하면 블랙홀은 서서히 증발하면서 사건지평선 근처에서 소량의 빛을 방출하고 있다. 이때 방출되는 빛의 종류는 블랙홀의 질량에 따라 달라진다. 블랙홀의 질량이 작을수록 증발속도가 빨라져서 감마선과 가시광선의 형태로 에너지를 모두 방출하고 장렬하게 사망한다.

현대과학을 소개하는 TV 프로그램이나 잡지 등은 종종 잘못된 색상을 사용하고 있다. 일기예보에서 비가 많이 오는 지역과 적게 오는 지역을 특정 색상으로 구별하듯이 천체물리학자들은 우주 각지의 밝기를 임의의 색으로 표현하고 있는데 예를 들면 밝은 곳을 붉은색으로 칠하고 어두운 곳을 푸른색으로 칠하는 식이다. 그러나 이들이 제시한 색은 실제의 색과 아무런 관계도 없다. 운석의 경우에는 각 부위의 화학적 구성성분이나 온도분포를 일련의 특정 색상으로 구별하기도 한다. 그리고 컬러로 그려진 나선은하에서 지구로 다가오는 부분을 푸른색으로, 멀어져 가는 부분을 붉은색으로 칠해 놓은 것은 도플러효과의 청색편이와 적색편이를 상징적으로 표현한 것이다.

마이크로파 배경복사의 분포를 나타낸 지도에서 어떤 부분은 평균보다 온도가 높다. 따라서 평균이 유지되려면 평균보다 온도가 낮은 지역도 있어야 한다. 이들 사이의 온도차는 대략 십만 분의 1도 정도이다. 이 미세한 차이를 어떻게 표현해야 할까? 뜨거운 부분을 푸른색, 차가운 부분을 붉은색으로 표현하거나 그 반대로 표현할 수도 있다. 배경복사에 색을 입혀 놓으면 현실감이 떨어지지만 온도차를 나타내는 데에는 이보다 좋은 방법이 없다.

독자들은 적외선망원경이나 전파망원경으로 촬영한 우주의 영상에 총천연색을 입혀 놓은 그림을 본 적이 있을 것이다. 이런 경우에는 주로 붉은색과 녹색 그리고 파란색이 사용되는데(빛의 삼원색인 RGB(red, green, blue)에 해당된다), 이들을 적절히 섞으면 눈에 보이지 않는 천체의 컬러사진을 만들 수 있다.

이와 같이 과학자들은 색의 고유한 이름을 일반인들이 생각하는 것과 전혀 다른 의미로 사용하고 있다. 따라서 천체물리학자들이 어떤 색상을 구체적으로 언급했다고 해서 굳이 그 색과 관련된 이미지를 떠올리려고 노력할 필요는 없다. 그들이 말하는 색상으로부터 실제의 색을 떠올리는 방법은 따로 있다. 그러나 일반인들은 이 방법을 잘 모르기 때문에(감지기의 감도를 고려하고 다중필터로 걸러진 빛의 광도에 로그를 취하는 등 복잡한 과정을 거쳐야 한다) 우주의 색에 대하여 잘못된 인식을 갖기 쉽다.

미국의 천문학자이자 화성에 광적인 관심을 보였던 퍼시벌 로웰은 인간의 변덕스러운 색상인지능력 때문에 엉뚱한 결론에 도달했다. 그는 1800년대 말에서 1900년대 초에 걸쳐 화성표면의 정밀지도를 제작했는데 이 작업이

가능하려면 빛의 전달을 방해하는 대기가 항상 건조하고 이동이 없어야 한다. 그래서 로웰은 1894년에 날씨가 건조하기로 유명한 애리조나의 마스힐Mars Hill(화성의 언덕) 꼭대기에 로웰천문대를 건설하고 화성을 집중적으로 관측했다. 화성의 표면에는 철 성분이 많아서 거의 붉은색으로 보인다. 로웰은 그곳에서 초록색 흔적을 여러 개 발견하고 극도로 흥분하여 '과거에 화성인들이 극지방을 덮고 있는 얼음층을 녹여서 대도시와 촌락 그리고 농장 등지에 소중한 물을 보급하기 위해 건설했던 인공운하의 흔적'이라고 강하게 주장했다.

지금 나는 로웰의 관음증적 성향을 탓하려는 것이 아니다.(이 책의 저자는 화성관측을 관음증에 비유하고 있는데 이는 로웰에 대한 개인적 감정일 뿐 관측행위 자체를 비난하려는 의도는 아닐 것으로 믿는다 : 옮긴이) 일단 그가 주장했던 초록색 운하의 정체부터 살펴보자. 지금은 잘 알려진 사실이지만 로웰은 광학적 환영을 운하로 착각했다. 인간의 두뇌는 아무런 질서가 없는 대상에서도 시각적 질서를 만들어 내는 능력이 있다. 하늘의 별자리가 그 대표적인 사례이다. 별들은 아무런 규칙 없이 무작위로 늘어서 있지만 우리의 선조들은 그 무질서 속에서 사람, 동물, 악기 등 구체적인 영상을 떠올렸다. 로웰의 두뇌도 이런 식으로 작용하여 화성 표면에 나 있는 무질서한 무늬 속에서 인공적인 운하를 떠올렸던 것이다.

로웰에게 착각을 불러일으켰던 요인은 이것뿐만이 아니다. 일반적으로 황-적색 옆에 회색물체가 놓여 있으면 녹-청색 계열로 보이는 경향이 있다. 이 현상은 1839년에 프랑스의 화학자 슈브륄M. E. Chevreul에 의해 처음으로 발견되었다. 화성의 표면은 전체적으로 흐릿한 붉은색이고 회갈색 영역이 부분적으로 섞여 있는데 이것이 로웰의 눈에 푸른 기운을 띤 초록색으로 보였던 것이다.

그러나 우리의 두뇌는 왜곡된 색상을 원래대로 보정하는 능력도 갖고 있다. 예를 들어 나무가 빽빽하게 들어선 열대우림 속에서 땅에 도달하는 빛은 거의 초록색으로 여과되기 때문에 하얀 종이도 초록색으로 보일 것 같지만 사실은 그렇지 않다. 우리의 두뇌가 주변상황을 인지하여 초록색으로 보이는 효과를 억제하기 때문에 숲 속에서 책을 읽어도 글씨는 검고 종이는 하얗게 보인다.

또 다른 예로 밤길을 걷다가 어떤 집의 유리창 앞을 지날 때 실내에 TV가 켜져 있고 그 외의 조명이 모두 꺼져 있다면 벽은 연한 푸른색 기운을 띠게 될 것 같지만 사실은 그렇지 않다. 우리의 두뇌가 TV에서 방출되는 빛의 효과를 인지하여 색상의 왜곡을 방지해 주기 때문이다. 이와 같은 생리학적 보정효과 때문에 앞으로 화성 식민지에 파견될 거주민들의 눈에도 화성의 표면이 온통 붉은색으로 보이지는 않을 것이다. 1976년에 바이킹호가 화성에 성공적으로 착륙한 후 희미한 사진을 전송해 왔을 때 NASA의 과학자들은 일반인들의 상상에 부합되도록 깊은 계곡에 붉은색을 덧칠하여 언론에 공개하였다.

20세기 중반에 캘리포니아 샌디아고의 외곽지역에서 밤하늘을 체계적으로 촬영하는 역사적인 관측이 실행되었다. '팔로마 천문대 우주관측Palomar Observatory Sky Survey'이라는 이름으로 잘 알려진 이 프로젝트는 우주에 관한 방대한 자료를 수집하여 천문관측의 토대를 마련하는 목적으로 실행되었으며, 각 천체를 동일한 노출상태에서 푸른색에 예민한 필름과 붉은색에 예민한 필름(코닥 흑백필름)으로 두 번씩 촬영하였다(이 프로젝트를 계기로 코닥사의 연구개발팀은 최첨단의 기술을 확보하게 되었다). 붉은색에 예민한 필름에는 선명하게 잡힌 천체를 푸른색에 예민한 필름으로 촬영하면 거의 보이지 않기 때문에 동일한 천체를 이중으로 촬영한 자료를 모아 두면 향후 천체관측의 기준으로 삼을 수 있다.

렌즈의 직경이 240cm인 허블망원경은 지구 상에 설치된 대형망원경보다 훨씬 작지만 우주공간에 떠 있기 때문에 대기의 영향을 받지 않고 언제든지 천체관측이 가능하다는 장점을 갖고 있다. 허블망원경이 촬영한 사진 중 가장 유명한 '허블 헤리티지 Hubble Heritage' 시리즈는 우주관측의 위대한 유산으로 남아 있다. 천체물리학자들이 컬러영상을 얻어내는 과정은 일반 사진의 인화과정보다 훨씬 복잡하다. 일단 그들은 일반 가정에서 쓰는 것과 똑같은 디지털 CCD카메라를 사용한다. 단지 일반인들보다 10여 년 먼저 사용해 왔다는 점이 다를 뿐이다. 그러나 빛을 잡아내는 감지기는 일반 사진기와 비교가 되지 않을 정도로 예민하고 정교하다. 그리고 빛이 CCD에 도달하기 전에 수십 가지 방법으로 빛을 여과시킨다. 일반적인 컬러사진의 경우 적, 녹, 청 필터를 사용하여 세 개의 영상을 연속적으로 얻은 후 하나로 합치면 온전한 색상이 구현된다. 그 다음 적절한 소프트웨어를 사용하여 적-녹-청 영상을 적절한 비율로 조합하면 최종 영상이 얻어지는데 이는 인간의 눈과 두뇌에서 색을 인지하는 과정과 거의 비슷하다. 만일 사람 눈의 직경이 240cm라면 맨눈으로 바라본 영상은 허블망원경이 찍은 영상과 동일할 것이다.

어떤 천체가 원자와 분자의 양자역학적 특성에 의해 특정한 파장의 빛만 강하게 방출한다고 가정해 보자. 이 파장을 미리 알고 있다면 광대역 RGB필터 대신 특정 필터를 사용하여 매우 선명한 사진을 찍을 수 있다. 목성의 대적반이 대표적인 사례이다(솔직히 말해서 나는 망원경으로 목성의 대적반을 본 적이 한 번도 없다). 실제로 대적반을 촬영하면 희미하게 나오는 경우가 대부분인데 이때 붉은색 파장을 걸러내는 필터를 사용하면 깨끗한 영상을 얻을 수 있다.

은하 속에서 별이 형성되는 지점 근처에 있는 산소원자들은 초록색 빛을 방출한다(앞서 말한 대로 과거의 천문학자들은 이것을 네불륨이라는 새로운 원소로 생각했다). 허블망원경은 내부에 장착된 초록색 필터를 이용하여 이 광경을 촬영해 왔는데 과거에 동일한 대상을 RGB필터로 촬영한 사진과 비교해 보면 비슷한 점을 찾기가 어려울 정도이다. 물론 우리가 원하는 영상(예를 들면 산소구름 등)만을 골라서 보고자 한다면 특정 필터를 사용해서 찍은 사진이 훨씬 정확하다.

그런데 허블망원경이 보내온 사진의 색상은 어디까지 신뢰할 수 있을까? 이 점에 대해서는 아직도 논란이 분분하다. 허블망원경은 과연 우주의 '진짜' 색상을 촬영하고 있을까? 일단 엉뚱한 색이 섞여 있지 않다는 것만은 분명하다. 허블이 보내온 사진은 천체물리학적 대상이나 현상에서 방출되는 빛을 실제의 색으로 표현하고 있다. 그러나 순수주의자들은 '인간의 눈에 의해 인지되는 색'만이 진정한 색이라고 주장한다. 특정한 필터를 써서 빛을 걸러낸 사진은 진정한 색상을 담고 있지 않다는 것이다. 그러나 만일 사람 눈의 망막을 좁은 파장영역에 맞출 수 있다면 허블망원경을 통해 본 색상과 맨눈으로 본 색상은 다를 것이 없다. 그리고 앞 문장에서 제시한 가정은 "만일 사람 눈의 직경이 240cm라면……"이라는 가정과 크게 다르지 않다.

우주의 모든 천체가 방출하는 가시광선을 하나로 모으면 어떤 색으로 보일까? 다시 말해서 우주를 단 하나의 색으로 표현한다면 어떤 색에 가장 가까울 것인가? 다행히도 달리 할 일이 없는 사람들이 끈기 있게 계산을 수행하여 모범답안을 제시해 놓았다. 그동안 과학자들은 우주의 색을 아쿠아마린색(남청색)과 연한 터키옥색(청록색)의 중간쯤으로 생각하고 있었는데 존스홉킨스대학교 Johns Hopkins University 의 칼 글레이즈브룩 Karl Glazebrook 과 이반 밸드리 Ivan Baldry 는 20만 개의 은하를 대상으로 엄청난 양의 계산을 수행한 끝에 어두운 베이지색(또는 '우주 라떼 cosmic latte' 라고도 한다)이라는 결론에 도달하였다.

컬러사진기를 발명한 사람은 19세기 영국의 천문학자 존 허셀 경 Sir John Herschel 이었다. 그 후로 천문학자들은 온갖 오해를 불러일으키면서도 일반인들의 눈을 즐겁게 해 주고자 우주를 찍은 영상에 휘황찬란한 색조를 입혀 왔고 이 작업은 앞으로도 영원히 계속될 것이다.

제 18 장

우주 플라즈마

극히 일부이긴 하지만 의학과 천체물리학에서 동일한 전문용어를 사용하는 경우가 있다. 사람의 두개골에 안구가 위치하는 두 개의 구멍을 '안와orbit(眼窩)'라 하고 가슴의 중앙부를 '복강solar plexus(腹腔)'이라 하며, 안구에는 '수정체lens'가 달려 있다. 그러나 우리의 몸에 '퀘이사'나 '은하'는 없다. 그런데 오빗orbit과 렌즈lens는 의학과 천체물리학에서 의미가 거의 비슷한 반면 '플라즈마plasma'는 전혀 다른 의미로 사용되고 있다. 혈장blood plasma을 수혈하면 꺼져 가는 생명을 살릴 수 있지만 온도가 수백만 도에 달하는 천체물리학적 플라즈마 덩어리에 접근하면 몸뚱이가 순식간에 증발해 버린다.

천체물리학적 플라즈마는 우주의 도처에 존재하고 있지만 교과서나 대중서적에 소개되는 일은 거의 없다. 일반 교양과학 서적에서 플라즈마는 고체, 액체, 기체 중 어디에도 속하지 않는 '제4의 상태'로 소개되고 있다. 플라즈마 속의 원자와 분자는 기체 속에서와 같이 자유롭게 움직일 수 있으며 자기장을 잡아 두거나 전기를 흐르게 할 수 있다. 플라즈마 속에 있는 대부분의 원자는 몇 가지 역학적 원인에 의해 전자를 잃어버린 상태이며 플라즈마는 온도가 높고 밀도가 낮아서 원자에서 이탈한 전자들이 원래의 원자로 귀속되는 경우는 극히 드물다. 또한 플라즈마는 전자(음전하)의 개수와 양성자(양전하)의 개수가 같기 때문에 전기적으로 중성을 유지한다. 그러나 플라즈마의 내부에서는 전류와 자기장이 수시로 요동치고 있기 때문에 독자들이 고등학교 시절에 배운 이상기체 ideal gas 와는 전혀 다른 방식으로 행동한다.

전기장과 자기장이 걸려 있는 곳에서는 중력의 효과가 거의 무색해진다. 양성자와 전자 사이에 작용하는 전기적 인력은 중력의 인력보다 무려 10^{40}배 이상 크다. 테이블 위에 종이클립을 놓고 자석을 가까이 가져가면 클립이 자석에 달라붙는다는 것은 어린아이들도 익히 알고 있는 사실이다. 그러나 이 현상을 다음과 같이 생각해 보라. 자기력은 클립과 자석 사이에 작용하는 힘이고 클립의 중력은 지구와 클립 사이에 작용하는 힘이다. 그런데 클립이 자석에 붙어 따라 올라온다는 것은 기껏해야 손바닥 보다 작은 자석 ― 클립 사이의 자기력이 지구 ― 클립 사이의 중력보다 강하다는 뜻이 아닌가! 전기력과 중력의 차이를 보여 주는 또 한 가지 예를 들어 보자. 우주왕복선의 코 부분에서 $1mm^3$ 안에 들어 있는 전자를 모두 수거하여 분사구 쪽에 붙여 놓으면 전기적 인력 때문에 엔진을 풀가동해도 이륙하지 못한다. 이륙은커녕 그 자리에서 꼼짝도 못할 것이다. 그리고 아폴로 우주선의 승무원이 달의 먼지에서 소량의 전자를 채취하여 지구로 가져온다면(단 전자가 속해 있던 원자는 달에 그대로 두고 온다면), 이 전자들과 달에 남겨진 원자(더 정확하게는 원자핵)들 사이에 작용하는 전기적 인력은 달과 지구 사이의 중력보다 강하다.

지구에서 볼 수 있는 플라즈마의 사례로는 불꽃과 번개, 별똥별의 꼬리 그리고 거실의 카펫에 손을 비빈 후 문고리를 잡았을 때 느껴지는 전기충격 등을 들 수 있다. 전기방전은 물체의 특정부위에 전자가 정원초과상태에 있다가 갑자기 공기 중으로 이탈하는 현상이다. 또한 지구 전역에는 매 시간마다 수천 개의 번개가 내리치고 있다. 1cm 두께의 공기기둥에 1볼트의 번개가 지나가면 온도가 순간적으로 수백만 도까지 올라가면서 강한 빛을 방출한다.

행성들 사이를 떠도는 작은 운석덩어리 중 일부가 지구의 인력에 끌려 대기권으로 들어오면 공기와의 마찰 때문에 강한 불꽃을 일으키며 타오르는데 이것이 바로 하늘에서 떨어지는 별똥별의 정체이다. 임무를 마치고 지구로 귀환하는 우주왕복선도 대기권에 진입할 때 별똥별과 똑같은 과정을 겪는다. 승무원을 태운 우주선이 시속 28,900km(초속 8km)의 궤도속도로 땅에 착륙하는 끔직한 대형사고를 미연에 방지하려면 우주선의 운동에너지를 어딘가에 소모해야 한다. 다행히도 우주선의 앞부분이 공기와 마찰을 겪으면서 운동에너지의 상당부분이 열로 전환되고 선체를 덮고 있는 고성능 단열재가 화재를 방지해 주기 때문에 별똥별처럼 재가 되어 사라지는 불상사는 일어나지 않는다.(그러나 단열재의 일부가 손상되면 그 틈으로 열이 새 들어와 대형사고가 일어날 수도 있다. 2003년 2월에 컬럼비아호가 대기권 진입 도중 폭발한 것도 왼쪽 날개 부위의 단열재 손상이 주원인이었다 : 옮긴이) 우주선이 대기를 통과하는 몇 분

동안은 엄청난 열이 발생하여 선체 표면의 모든 분자가 이온화되고 승무원들은 일시적으로 플라즈마 통 속에 갇힌 신세가 된다. 이 순간에는 어떠한 신호도 플라즈마 벽을 통과할 수 없기 때문에 관제센터와의 통신도 일시적으로 두절된다. 이 상태를 흔히 '블랙아웃 blackout'이라고 하는데 우주탐사 프로젝트 기간을 통틀어서 관제사들이 승무원의 안전을 확인할 수 없는 가장 긴장된 순간이기도 하다. 착륙선의 속도가 느려지면 온도가 서서히 하강하면서 플라즈마 상태도 소멸된다. 이때가 되면 분리된 전자들이 원래의 집(원자)으로 돌아와 정상적인 상태가 되고 일시적으로 두절되었던 통신도 곧바로 회복된다.

지구에서는 플라즈마를 거의 찾아볼 수 없지만 우주로 나가면 눈에 보이는 물체의 99.99%가 플라즈마상태에 있다. 물론 여기에는 밝게 빛나는 별과 기체구름도 포함된다. 허블망원경이 은하수의 성운을 촬영한 사진에서 총천연색으로 빛나는 기체구름도 플라즈마상태이며, 그 형태와 밀도는 근처에서 발생한 자기장에 따라 크게 달라진다. 플라즈마는 자기장을 묶어 두거나 자신의 상태에 맞게 변형시키는 능력을 갖고 있다. 태양의 활동이 11년을 주기로 변하는 것도 플라즈마와 자기장이 결합하여 나타나는 현상이다. 태양 적도 부근의 기체는 남-북극 부근의 기체보다 조금 빠르게 회전하고 있는데 이 차이 때문에 태양 내부에 갇혀 있는 자기장에 변형이 일어나서 흑점과 섬광, 홍염 등 불규칙적인 표면활동이 진행되고 있다.

태양은 전자, 양성자, 헬륨원자핵 등 매초마다 수백만 톤의 하전입자를 밖으로 뱉어내고 있다. 이 현상은 흔히 '태양풍'으로 알려져 있는데 강도는 내부 상황에 따라 수시로 달라진다. 혜성의 꼬리가 항상 태양의 반대쪽을 향하는 것도 플라즈마 상태로 불어오는 태양풍 때문이다. 지구의 남극이나 북극지방으로 날아온 태양풍이 대기 속의 분자와 충돌하면 하늘에 오로라가 나타나는데 이것은 지구뿐만 아니라 강한 자기장과 대기를 갖고 있는 모든 행성에서 공통적으로 나타나는 현상이다. 플라즈마의 온도 및 그 속에 들어 있는 원자나 분자의 종류에 따라 일부 자유전자들은 원자와 재결합하면서 특정 파장의 빛을 방출한다. 즉 오로라가 그토록 아름다운 빛을 발할 수 있는 것은 전자들이 원자 속의 다양한 자리(전문용어로는 에너지준위)를 찾아가면서 현란한 빛을 내뿜고 있기 때문이다. 밤거리의 네온사인과 형광등 그리고 선물가게의 세일을 강조하는 둥그런 플라즈마 등도 이와 동일한 원리로 작동한다.

현재 궤도에 떠 있는 다양한 관측위성 덕분에 우리는 태양풍의 상황을 마치 일기예보처럼 접할 수 있게 되었다. 내가 TV 저녁뉴스에 처음 출연한 것도 플라즈마 덕분이었다. 그때 나는 태양에서 지구로 날아오는 플라즈마 파이의 생성과정과 지구에 미치는 영향 등을 인터뷰 형식으로 설명했는데 아마도 그 방송을 본 사람들은 태양풍이 지구에 무해하다는 것을 어느 정도 이해했을 것이다. 지구의 자기장이 태양풍의 직격탄을 막아 주고 있으므로 크게 걱정할 일은 아니다. 심지어 나는 그 방송에서 "기회가 있으면 북극으로 가서 오로라의 아름다운 모습을 직접 감상해 보라"고 권하기까지 했다.

개기일식 때 태양의 둘레에서 태양반지름의 몇 배나 되는 구역에 걸쳐 밝게 빛나는 부분을 코로나라고 한다. 코로나는 온도가 500만 도에 가까운 플라즈마로 이루어져 있으며 태양 대기의 가장 바깥쪽 부분을 형성하고 있다. 사실 이 정도의 온도에서는 강한 X선이 방출되지만 가시광선 영역을 벗어나 있으므로 우리의 눈에는 보이지 않는다. 가시광선만으로 판단한다면 코로나의 밝기는 태양 자체 밝기의 100만 분의 1에 불과하기 때문에 개기일식 때가 아니면 관측이 거의 불가능하다.

지구대기의 전리층에서는 전자들이 원자로부터 완전히 분리되어 있다. 간단히 말해서 전리층은 지구 전체를 덮고 있는 거대한 '플라즈마 외투'인 셈이다. 태양에서 날아오는 특정 진동수의 전파와 방송국에서 송출하는 AM전파는 전리층에서 반사된다. 라디오 방송이 먼 거리까지 전달될 수 있는 것은 바로 이러한 특성 때문이다. 일반적으로 AM전파는 수백 km까지 송신이 가능하며, 단파short wave 방송은 지평선을 넘어 수천 km까지 도달할 수 있다. 그러나 FM라디오와 TV방송은 진동수가 훨씬 큰 신호를 송출하기 때문에 전리층을 투과하여 우주 밖으로 나갈 수 있다(물론 이 신호는 광속으로 퍼져 나간다). 만일 이 신호를 도청하는 외계인이 있다면 그들은 지구의 TV에 나오는 탤런트나 FM라디오에 등장하는 가수들의 이름은 꿰차고 있겠지만 AM라디오 토크쇼의 사회자는 전혀 모를 것이다.

플라즈마는 대체로 생명체와 친하지 않다. 「스타트렉」의 등장인물 중에서 가장 위험한 일을 하는 사람은 아마도 새로운 행성을 방문했을 때 밝게 빛나는 플라즈마 덩어리를 분석하는 사람일 것이다(내 기억에 의하면 이런 일을 하는 사람은 항상 붉은 셔츠를 입었던 것 같다). 사람의 몸이 플라즈마 덩어리와 접촉하면 그 자리에서 당장 증발해 버린다. 그런데

도 「스타트렉」에서 단 한 건의 사고도 발생하지 않는 것을 보면 25세기에 우주를 여행하는 사람들은 이미 철저한 교육을 통해 플라즈마 취급방법을 잘 알고 있는 것 같다. 그러나 21세기를 살고 있는 우리에게 플라즈마는 여전히 위험한 물질임을 명심해야 한다.

열 핵융합 반응기의 중심부에서는 플라즈마상태에 있는 수소원자핵(양성자)들이 빠른 속도로 충돌하면서 더 무거운 헬륨원자핵으로 변하고 있다. 이 과정에서 발생하는 막대한 에너지로 전기를 생산한다면 지구에 닥친 심각한 에너지위기를 해결할 수도 있을 것 같다. 그런데 한 가지 문제는 장치를 가동하기 위해 투입된 에너지가 결과물로 얻어진 에너지보다 적다는 것이다. 일단 핵융합반응이 일어날 정도로 수소원자핵을 빠르게 가속시키려면 수천만 도까지 온도를 올려야 한다. 이 온도에서는 전자가 에너지를 주체하지 못하여 원자에서 떨어져 나와 자유롭게 돌아다닌다. 즉 전형적인 플라즈마상태가 되는 것이다. 그런데 수천만 도로 달궈진 수소원자 플라즈마를 대체 어디에 보관해야 할까? 이 온도를 견뎌낼 수 있는 용기를 과연 만들 수 있을까? 마이크로파를 막아낸다는 타파웨어는 어떨까? 어림도 없는 소리다. 플라즈마를 담는 즉시 녹아서 증발해 버릴 것이다. 우리에게 필요한 것은 녹거나 증발하지 않고 분해되지도 않는 용기이다. 2부에서 잠시 소개되었던 '호리병 모양의 자기장' 속에 가둬 두면 플라즈마가 용기의 벽(사실은 벽이 아니라 자기장임)을 뚫고 나올 수 없으므로 보관이 가능할 수도 있다. 따라서 핵융합반응을 제어하여 유용한 에너지를 얻어내려면 플라즈마와 자기장의 상호작용을 제대로 이해하고 적절한 자기장 용기를 만들 수 있어야 한다.

지금까지 알려진 플라즈마 중 가장 신비한 것은 뉴욕 주 롱아일랜드의 브룩헤이번 국립연구소Brookhaven National Laboratory에서 구현된 쿼크-글루온 플라즈마이다. 원자에서 전자가 제거된 플라즈마와 달리 쿼크-글루온 플라즈마는 분수 전하를 띤 쿼크와 양성자-중성자의 결합을 매개하는 글루온으로 이루어져 있다. 여기서 주목할 것은 빅뱅이 일어나고 몇 초가 지났을 때 우주 전체가 쿼크-글루온 플라즈마상태에 있었다는 점이다. 이 무렵에 우주는 반경 27m짜리 구에 불과했으며 이후 약 40만 년 동안 플라즈마상태가 계속되었다.

이 시기까지 우주의 온도는 수십 억 도에서 수천 도까지 식었다. 그 사이에 빛은 플라즈마로 가득 찬 우주 속의 자유전자들에 의해 사방으로 퍼져 나갔는데 이것은 빛이 태양의 내부나 젖빛 유리 속을 통과할 때 일어나는 현상과 비슷하다. 빛이 반투명한 물질 속을 통과할 때는 산란scattering과정을 반드시 거쳐야 한다. 우주의 온도가 수천 도까지 내려갔을 때 모든 전자가 원자핵과 결합하면서 수소원자와 헬륨원자가 탄생하였다.

모든 전자가 원자핵과 결합하면 플라즈마상태는 더 이상 지속될 수 없다. 중심부에 블랙홀을 품고 있는 퀘이사가 탄생하기 전까지 우주는 수억 년 동안 이와 같은 상태를 유지했다. 기체구름이 함몰되어 퀘이사가 되기 전에 다량의 자외선이 방출되는데 이 빛은 원자를 이온화시킨다. 그 덕분에 우주는 퀘이사가 탄생하기 전까지 한동안 플라즈마가 없는 고요한 상태를 유지할 수 있었다. 소위 '우주의 암흑기Dark Age'라 불리는 이 시기는 이전에도 없었으며 그 후에도 두 번 다시 찾아오

지 않았다. 우주가 암흑기를 보내는 동안 소리 없이 작용하는 중력에
의해 물질이 한 곳에 집중되기 시작했고 이 플라즈마 구(球)는 제1세대
항성의 모태가 되었다.

제19장

불과 얼음

콜 포터Cole Porter는 1948년에 브로드웨이 뮤지컬 『키스 미 케이트Kiss Me Kate』(셰익스피어의 희극 『말괄량이 길들이기』의 줄거리를 빌려서 만든 코미디 뮤지컬: 옮긴이)의 삽입곡 「너무 뜨거워Too Darn Hot」를 작곡하면서 무더운 날씨를 몹시 원망했다. 그러나 당시의 온도는 기껏해야 화씨 95도(섭씨 35도)를 넘지 않았다. 내 생각에는 포터의 노래가사를 쾌적한 구애행위의 온도 상한선으로 잡아도 큰 무리는 없을 것 같다. 여기에 찬물샤워를 하는 에로틱한 장면을 결부시키면 옷을 입지 않은 상태에서 인간이 쾌적함을 느끼는 온도의 범위가 얼마나 좁은지 실감할 수 있다. 가장 쾌적한 실내온도에서 위아래로 20도 이상 벗어나면 구애고 뭐고 당장 그 자리를 피하고 싶을 것이다.

그러나 우주의 온도는 쾌적함과 거리가 멀다. 조금만 덥거나 추워도 짜증을 내는 인간과 100,000,000,000,000,000,000,000,000,000,000도(10^{32}도, 또는 10만×10억×10억 도)라는 온도를 어떻게 결부시킬 수 있겠는가? 빅뱅이 일어난 직후에 우주는 이 정도로 뜨거웠고 훗날 별과 행성 그리고 입자물리학자가 될 모든 에너지와 물질 공간은 쿼크-글루온 플라즈마의 형태로 팽창했다. 그 후 수십 억 년에 걸쳐 우주가 식는 동안에는 '존재한다'고 말할 수 있는 것이 전혀 없었다.

빅뱅과 동시에 맹렬하게 팽창하기 시작한 우주는 1초가 지났을 때 열역학법칙에 따라 온도가 100억 도까지 내려갔고, 원자보다 작았던 공간은 현재 태양계의 1,000배까지 커졌다. 그리고 3분 후에는 10억 도까지 식으면서 가장 단순한 원자핵이 만들어지기 시작했다. 그 후로 지금까지 우주는 계속 팽창하면서 온도도 꾸준하게 하강하고 있다.

현재 우주공간의 평균온도는 절대온도 2.73도(섭씨 −270.27도)이다. 이 장에서 지금까지 언급된 모든 온도의 단위는 K(절대온도)이다. 절대온도는 섭씨온도와 눈금간격은 같지만 마이너스 값을 갖지 않는다. 절대온도 0K는 문자 그대로 0이며 그 이하의 온도는 존재하지 않는다.

절대온도의 개념을 창시한 켈빈 경(스코틀랜드의 공학자: 절대온도의 단위 K는 Kelvin의 첫 글자를 딴 것이다)의 본명은 윌리엄 톰슨William Thomson이다. 그는 1848년에 '더 이상 낮출 수 없는 가장 낮은 온도'의 개념을 처음으로 도입했으며 그 후로 지금까지 온도와 관련된 수많은 실험이 수행되었지만 이 온도에 이른 사례는 단 한 건도 없었다. 2003년에 MIT의 물리학자 볼프강 케털리Wolfgang Ketterle는 실험실에서 0.0000000005K('500피코켈빈picokelvin'이라고 읽으면 좀 더 유식하게 보인다)를 구현함으로써 절대온도 0K에 가장 가깝게 접근한 사례로 기록되었다.

우주공간에서는 엄청나게 넓은 온도영역에 걸쳐 오만가지 현상이 진행되고 있다. 현재 우주에서 가장 뜨거운 장소 중 하나는 붕괴가 진행되고 있는 푸른 초거성의 중심부인데 초신성이 되어 폭발을 일으키기 직전까지 가면 온도가 1천억 K까지 상승한다. 참고로 태양 중심부의 온도는 1500만 K이다.

내부에서 불길이 끓고 있는 천체도 표면온도는 상대적으로 낮다. 예를 들어 푸른 초거성의 표면온도는 약 25,000K에 불과하다. 그러나 이 정도면 푸른빛을 내기에 충분하다. 표면온도가 약 6,000K인 태양도 백색광을 내뿜고 있지 않은가. 주기율표에 등록되어 있는 원소들을 이 온도까지 달구면 모두 녹아서 증발해 버릴 것이다. 금성의 표면온도는 740K로서 우주선을 착륙시키면 순식간에 계란프라이처럼 튀겨질 것이다.

태양으로부터 48억 km 떨어져 있는 해왕성의 표면온도 60K와 비교할 때 물의 빙점인 273.15K는 엄청 따뜻한 온도이다. 해왕성의 제1위성인 트리톤Triton은 표면이 질소 얼음으로 덮여 있고 온도는 40K에 불과하다. 이 정도면 태양계에서 가장 추운 곳이라 할 만하다.

지구에 사는 생명체의 체온은 어느 정도일까? 사람의 평균체온은 섭씨 37도이며, 절대온도로는 310K이다. 기상관측이 시작된 이래로 지구의 역대 최고기온은 331K이고(섭씨 58도, 1922년 리비아의 알 아지지아 Al 'Aziziyah에서 기록됨), 최저기온은 184K이다(섭씨 −89도, 1983년 남극대륙의 보스톡기지 Base Vostok에서 기록됨). 물론 인간은 이런 극단적인 온도에서 생존할 수 없다. 사하라사막에서 태양열을 피하지 못하면 고열에 시달리게 되고, 극지방에서 방한복과 식량이 없으면 금방 저체온증이 찾아온다. 그런가하면 고온성 세균이나 저온성 세균과 같은 극한미생물extremophile은 인간이 견딜 수 없는 온도에서 멀쩡하게 살아가고 있다. 300만 년 전에 형성된 시베리아의 영구동토층에서 살아 있는 효모균이 발견된 사례도 있다. 또한 알래스카의 동토층에서 생명활동을 중단한 채 3200년을 견뎌 온 박테리아가 얼음을 녹이자 다시 살아서 유유히 헤엄을 쳤다는 보고도 있다. 지금 이 순간에도 끓는 진흙과 온천 그리고 해저화산에서는 온갖 종류의 박테리아가 생명활동을 유지하고 있다.

복잡한 생명체도 척박한 환경에서 살아남을 수 있다. 완보동물(緩步動物)이라 불리는 조그만 무척추동물은 환경이 자신의 생존에 불리해졌을 때 스스로 신진대사를 멈추는 능력을 갖고 있는데 424K(섭씨 151도)에서는 이 상태로 몇 분 동안 버틸 수 있고, 73K(섭씨 −200도)에서는 며칠 동안 버틸 수 있다. 이 정도 적응력이면 해왕성에서도 살아남을 수 있는 수준이다. 미래의 어느 날 해왕성 탐사계획이 수립된다면 사람 대신 효모균이나 완보동물을 보내는 편이 더 나을 것 같다.

일반인 중에는 열과 온도를 혼동하는 사람이 많을 줄로 안다. 열이란 물체를 구성하는 모든 분자의 운동에너지의 총량을 말한다. 물론 분자들은 물체 속에서 획일적으로 움직이지 않는다. 개중에는 엄청나게 빠른 속도로 움직이는 분자도 있고 거북이처럼 느린 분자도 있다. 이들의 평균에너지를 나타내는 양이 바로 온도이다. 예를 들어 방금 타 놓은 따끈한 커피 한 잔의 온도는 수영장 물의 온도보다 높지만 총에너지는 수영장 물이 커피 한 잔보다 훨씬 크다. 90℃짜리 커피 한 잔을 30℃짜리 수영장에 부었다고 해서 수영장 물의 온도가 갑자기 60℃로 올라가지는 않는다. 그리고 두 사람이 한 침대에 누우면 열은 두 배로 많아지지만 평균온도는 달라지지 않는다. 만일 체온까지 두 배로 올라간다면 인류는 옛날에 멸종했을 것이다.

17~18세기의 과학자들은 열이 연소(燃燒)현상과 밀접하게 연관되어 있다고 생각했다. 그들은 가연성 물체 속에 '플로지스톤phlogiston'이라는 가상의 물질이 존재하며 이것이 물체에서 제거될 때 연소가 일어난다고 믿었다. 벽난로에서 장작이 탈 때 공기가 플로지스톤을 빼앗아 가고 그 결과로 재가 남는다는 것이다.

18세기 말에 프랑스의 화학자 앙투안 로랑 라부아지에Antoine Laurent Lavoisier는 플로지스톤이론을 칼로리이론caloric theory으로 대치시켰다. 그는 열을 '칼로리'라고 부르면서 화학원소의 하나로 분류했으며 "칼로리는 눈에 보이지 않고 맛, 냄새, 질량이 없는 유체로서 연소나 마찰을 통해 물체 사이를 이동한다"고 주장했다. 그러나 열의 개념이 확립된 것은 19세기에 촉발된 산업혁명과 함께 열역학thermodynamics이라는 분야가 등장한 후의 일이었다.

열은 뛰어난 과학자들이 깊은 사고를 통해 확립해 놓은 과학적 개념이지만 온도는 지난 수 천 년 동안 수많은 경험을 통해 일상적인 개념으로 자리를 잡아 왔다. 두말할 것도 없이 뜨거운 물체는 온도가 높고 차가운 물체는 온도가 낮으며 구체적인 값은 온도계로 측정할 수 있다.

온도계의 최초 발명자는 갈릴레오로 알려져 있으나 물체의 온도를 측정하는 원시적인 기구를 처음으로 발명한 사람은 1세기 알렉산드리아의 헤론Heron이었다. 그는 자신의 저서인 『뉴마티카Pneumatica』를 통해 "기체를 달구거나 식히면 부피가 변한다"는 사실을 주장하면서 기체의 온도를 재는 도구로 '온도측정기 thermoscope'를 도입하였다. 그 후 『뉴마티카』는 고대에 출간된 다른 서적들과 마찬가지로 르네상스시대를 거치면서 라틴어로 번역되었고, 1594년에 갈릴레오가 이 책을 읽은 후 좀 더 개선된 온도측정기를 발명하게 된 것이다(망원경을 처음 발명한 사람도 갈릴레오가 아니었다. 그는 이미 발명된 망원경의 성능을 개선한 것뿐이다). 그리고 이 시기에 온도계를 발명한 사람은 갈릴레오뿐만이 아니었다.

온도계에서 가장 중요한 부분은 눈금단위이다. 18세기 초에는 일상적인 현상이 약수가 많은 정수온도로 표현되도록 온도의 단위를 정하는 이상한 관습이 있었다. 예를 들어 아이작 뉴턴은 온도를 0도(눈이 녹는 온도)에서 12도(인간의 체온)로 나눌 것을 제안했고(12의 약수는 2, 3, 4, 6이다), 덴마크의 천문학자 올레 뢰머 Ole Rømer는 0에서 60으로 나누었다(60의 약수는 2, 3, 4, 5, 6, 10, 12, 15, 20, 30이다). 뢰머의 단위에서 0도는 얼음과 소금 그리고 물을 섞은 혼합물이 녹는 온도였고 60은 물이 끓기 시작하는 온도였다.

1724년에 독일의 기계전문가 다니엘 가브리엘 파렌하이트 Daniel Gabriel Fahrenheit(1714년에 수은온도계를 발명함)는 뢰머의 단위를 더욱 세분하여 물이 끓는 온도를 240도, 물이 어는 온도를 30도 그리고 사람의 체온을 90도로 정했다(우리말로는 이 단위를 '화씨'라고 한다 : 옮긴이). 그 후 몇 단계의 수정을 거쳐 사람의 체온은 96도로 정함으로써 '배수온도'의 또 다른 승자로 등극했다(96의 약수는 2, 3, 4, 6, 8, 12, 16, 24, 32, 48이다). 이 단위에 의하면 물의 빙점은 32도이다. 그 후 정밀한 측정을 수행한 결과 사람의 평균체온은 정수로 떨어지지 않고 물의 비등점도 240도가 아닌 212도임이 밝혀졌다.

이와는 별도로 1742년에 스웨덴의 천문학자 안데르스 셀시우스 Anders Celsius는 10진법에 기초한 온도단위를 제안하여 사람들의 호응을 얻었는데 지금과는 반대로 처음에는 물이 어는 온도를 100도, 끓는 온도를 0도로 정했다(천문학자들이 단위를 거꾸로 정의한 것은 이것이 처음도 아니고 마지막도 아니었다). 그 후 섭씨온도계를 제작하던 어떤 장인이 '사람들의 편의를 생각하여' 눈금의 순서를 뒤집은 것으로 추정된다. 아무튼 지금은 물의 빙점 = 0도, 비등점 = 100도로 정의되어 아무런 문제없이 사용되고 있다.

섭씨와 화씨단위의 '0도'는 사람들에게 오해를 불러일으키기 쉽다. 20년 전 내가 대학원생이었던 시절에 겨울방학을 맞이하여 뉴욕시에 있는 부모님 집에 머문 적이 있었다. 날씨가 몹시 추웠던 어느 날, 라디오에서 고전음악방송을 듣고 있었는데 헨델의 수상음악의 한 악장이 끝나고 그 다음 악장으로 넘어가기 전에 진행자가 바깥 온도를 알려 주었다. "지금 기온은 (화씨)5도입니다" "4도로 내려갔습니다" "다시 3도로 내려갔습니다" 이런 식으로 날씨를 생중계하다가 온도가 계속 내려가자 난감한 어투로 중얼거렸다. "큰일입니다. 이런 추세가 계속된다면 남는 온도가 하나도 없을 것 같네요!"

이와 같은 오해를 줄이기 위해 국제학회에서는 절대온도 단위를 사용하고 있다. '열이 가장 적은 상태'는 섭씨 0도나 화씨 0도가 아니라 절대온도 0K에 해당되기 때문이다. 절대온도가 아닌 기타 온도단위에서 0의 위치는 아무렇게나 정해도 상관없지만 거기에 '무(無)'의 개념을 적용할 수는 없다.

켈빈 이전에도 과학자들은 기체가 식을 때 부피가 줄어든다는 사실을 잘 알고 있었으며 분자의 에너지가 최저인 상태의 온도를 섭씨 −273.15도(화씨 −459.67도)로 정의하여 사용하고 있었다. 그리고 그 무렵에 행해진 일련의 실험들은 "일정한 압력 하에서 기체의 온도가 섭씨 −273.15도까지 내려가면 부피가 0으로 줄어든다"는 것을 시사하고 있었다. 그런데 부피가 0인 기체는 현실적으로 존재할 수 없기 때문에 섭씨 −273.15도는 '어떤 방법으로도 도달할 수 없는 저온의 한계'로 인식되었다. '절대온도 0K'란 바로 이 한계온도를 의미한다. 이보다 적절한 용어가 또 어디 있겠는가?

전체적으로 볼 때 우주는 기체와 비슷하게 행동한다. 기체를 강제로 팽창시키면 온도가 내려간다는 것쯤은 독자들도 기본상식으로 알고 있을 것이다. 우주의 나이가 갓 50만 년쯤 되었을 때 우주의 온도는 약 3,000K였다. 현재 우주공간의 평균온도는 3K가 채 되지 않는다. 지금의 우주는 꾸준한 팽창을 겪으면서 어린 시절보다 수천 배 이상 커졌고 온도는 수천 배 낮아졌다.

지구에서 어떤 물체의 온도를 잴 때는 온도계를 물체의 특정 부위에 삽입하거나 온도계와 물체를 어떻게든 접촉시켜야 한다. 이렇게 측정대상과 온도계가 서로 맞닿으면 온도계의 분자들이 대상물체의 분자들과 동일한 에너지에 도달하게 된다. 온도계를 공기 중에 놓아두면 공기분자가 온도계의 분자와 끊임없이 충돌하면서 특정온도를 가리키게 된다.

　지구에서 태양이 내리쬐는 곳의 기온은 그늘진 나무 밑의 기온과 거의 같다. 그럼에도 더운 날 사람들이 나무 밑을 찾는 이유는 그늘이 태양의 복사에너지를 가려 주기 때문이다. 복사에너지는 공기 중에 거의 흡수되지 않고 우리의 피부에 직접 도달하기 때문에 그늘이 없는 곳에 서 있으면 주변 공기의 온도보다 뜨겁게 느껴진다. 그러나 공기가 없는 진공 중에서는 온도계를 때릴 분자가 아예 존재하지 않으므로 "공간의 온도는 얼마인가?"라는 질문은 의미가 없다. 진공 속에서 온도계와 접촉할 물체가 전혀 없고 빛도 도달하지 않는다면 온도를 측정할 대상이 없으므로 '온도계 자체의 온도' 이외에는 온도를 계측하는 것 자체가 불가능하다.

　대기가 없는 달의 낮 기온은 약 400K(섭씨 127도)이다. 그러나 몇 걸음 걸어서 바위그늘 밑에 숨거나 밤이 찾아오면 온도는 40K(섭씨 −233도)까지 떨어진다. 온도조절장치가 부착된 옷을 입지 않고 달에서 낮 시간을 버티려면 제자리에서 쉬지 않고 빙글빙글 돌아야 한다. 이렇게 하면 태양을 향한 쪽은 데워지고 반대쪽은 차가워질 것이므로 평균온도를 유지할 수 있다.

　추운 겨울에 태양의 복사에너지를 좀 더 효율적으로 흡수하려면 되도록 검은 옷을 입는 것이 좋다. 검은 옷은 열을 잘 흡수하기 때문이다. 온도계의 경우도 마찬가지다. 모든 에너지를 완벽하게 흡수하는 이상적인 온도계를 은하수와 안드로메다은하 중간의 텅 빈 지점에 갖다 놓는다면 눈금은 2.73K(섭씨 −270.27도)를 가리킬 것이다. 이것이 바로 우주공간의 평균온도이다.

　대부분의 우주론학자는 우주가 앞으로도 영원히 팽창할 것으로 믿고 있다. 우주의 부피가 두 배로 커지면 (절대)온도는 절반으로 떨어진다. 여기서 부피가 또 두 배로 커지면 온도는 또다시 절반으로 떨어진다. 이런 식으로 수조 년이 흐르면 모든 기체는 별을 만드는 데 소모되고 별들은 더 이상 핵융합반응을 일으키지 못할 것이다. 그리고 우주의 온도는 꾸준히 하강하여 절대온도 0K로 접근할 것이다.

| 참고문헌 |

Modern publications of historic texts are listed when available.

Aristotle. 1943. *On Man in the Universe*. New York: Walter J. Black.

Aronson, A., and T. Ludlam, eds. 2005. *Hunting the Quark Gluon Plasma: Results from the First 3 Years at the Relativistic Heavy Ion Collider* (RHIC). Upton, NY: Brookhaven National Laboratory. Formal Report: BNL-73847.

Aveni, Anthony. 1989. *Empires of Time*. New York: Basic Books.

Baldry, K., and K. Glazebrook. 2002. The 2dF Galaxy Redshift Survey: Constraints on Cosmic Star-Formation History from the Cosmic Spectrum. *Astrophysical Journal* 569: 582.

Barrow, John D. 1988. *The World within the World*. Oxford: Clarendon Press.

[Biblical passages] *The Holy Bible*. 1611. King James Translation.

Brewster, David. 1860. *Memoirs of the Life, Writings, and Discoveries of Sir Isaac Newton,* vol. 2. Edinburgh: Edmonston.

[Bruno, Giordano] Dorothea Waley Singer. 1950. Giordano Bruno *(containing On the Infinite Universe and Worlds [1584])*. New York: Henry Schuman.

[Central Bureau for Astronomical Telegrams] Brian Marsden, ed. 1998. Cambridge, MA: Center for Astrophysics, March 11, 1998.

Chaucer, Geoffrey. 1964. Prologue. *The Canterbury Tales* [1387]. New York: Modern Library.

Clarke, Arthur C. 1961. *A Fall of Moondust*. New York: Harcourt.

Clerke, Agnes M. 1890. *The System of the Stars*. London: Longmans, Green, & Co.

Comte, Auguste. 1842. *Cours de la Philosophie Positive,* vol. 2. paris: Bailliere.

———. 1853. *The Positive Philosophy of Auguste Compte,* London: J. Chapman.

Copernicus, Nicolaus. 1617. *De Revolutionibus Orbium Coelestium (Latin),* 3rd ed. Amsterdam: Wilhelmus Iansonius.

———. 1999. *On the Revolutions of the Heavenly Sphere (English)*. Norwalk, CT: Easton Press.

Doppler, Christian. 1843. On the Coloured Light of the Double Stars and Certain Other Stars of the Heavens. Paper delivered to the Royal Bohemian Society, May 25, 1842. *Abhandlungen der Königlich Böhmischen Gesellschaft der Wissenschaften,* Prague, 2: 465.

Eddington, Sir Arthur Stanley. 1926. *The Internal Constitution of the Stars.* Oxfird, UK: Oxford Press.

Einstein, Albert. 1952. *The Principle of Relativity* [1923]. New York: Dover Publications.

———. 1954. Letter to David Bohm. February 10. Einstein Archive 8-041.

Ferguson, James. 1757. *Astronomy Explained on Sir Isaac Newton's principles,* 2nd ed. London: Globe.

Feynman, Richard. 1994. *The Character of Physical Law.* New York: The Modern Library.

Forbes, George. 1909. *History of Astronomy.* London: Watts & Co.

Fraunhofer, Joseph von. 1898. *Prismatic and Diffraction Spectra.* Trans. J. S. Ames. New York: Harper & Brothers.

[Frost, Robert] Edward Connery Lathem, ed. 1969. *The Poetry of Robert Frost:* The Collected Poems, Complete and Unabridged. New York: Henry Holt and Co.

Galen. 1916. *On the Natural Faculties* [c. 180] Trans. J. Brock. Cambridge, MA: Harvard University Press.

Galileo, Galilei. 1744. Opera. Padova: Nella Stamperia.

———. 1954. *Dialogues Concerning Two New Sciences.* New York: Dover Publications.

———. 1989. *Sidereus Nucius* [1610]. Chicago: University of Chicago Press.

Gillet, J. A., and W. J. Rolfe. 1882. *The Heavens Above.* New York: Potter Ainsworth & Co.

Gregory, Richard. 1923. *The Vault of Heaven.* London: Methuen & Co.

Heron of Alexandria. *Pneumatica* [c. 60].

Hertz, Heinrich. 1900. *Electric Waves.* London: Macmillan and Co.

Hubble Heritage Team. *Hubble Heritage Images.* Http://heritage.stsci.edu.

Hubble, Edwin P. 1936. Realm of the Nebulae. New Haven, CT: Yale University Press.

———. 1954. *The Nature of Science.* San Marino, CA: Huntington Library.

Huygens, Christiaan. 1659. *Systema Saturnium (Latin).* Hagae-Comitis: Adriani Vlacq.

Impey, Chris, and William K. Hartmann. 2000. *The Universe Revealed.* New York: Brooks Cole.

Johnson, David. 1991. V-1, V-2: *Hitler's Vengeance on London.* London: Scarborough House.

Kant, Immanuel. 1969. *University Natural History and Theory of the Heavens* [1755]. Ann Arbor: University of Michigan.

Kelvin, Lord. 1901, Nineteenth Century Clouds over the Dynamical Theory of Heat and Light. In London Philosophical Magazine and Journal of Science 2, 6th Series, p. 1. Newcastle, UK: Literary and Philosophical Society.

———. 1904. *Baltimore Lectures.* Cambridge, UK: C. J. Clay and Sons.

Kepler, Johannes. 1992. *Astronomia Nova* [1609]. Trans. W. H. Donahue. Cambridge, UK: Cambridge University Press.

———. 1997. *The Harmonies of the World* [1619]. Trans. Juliet Field. Philadelphia: American Philosophical Society.

Lewis, John L. 1997. *Physics & Chemistry of the Solar System. Burlington,* MA: Academic Press.

Loomis, Elias. 1860. *An Introduction to Practical Astronomy.* New York: Harper & Brothers.

Lowell, Percival. 1895. *Mars.* Cambridge, MA: Riverside Press.

———. 1906. *Mars and Its Canals.* New York: Macmillan and Co.

Mandelbrot, Benoit. 1977. *Fractals: Form, Chance, and Dimension. New York:* W. H. Freeman & Co.

Maxwell, James Clerke. 1873. *A Treatise on Electricity and Magnetism.* Oxford, UK: Oxford University Press.

Michelson, Albert A. 1894. Speech delivered at the dedication of the Ryerson Physics Lab, University of Chicago.

Michelson, Albert A., and Edward W. Morley. 1887. On the Relative Motion of Earth and the Luminiferous Aether. In *London Philosophical Magazine and Journal of Science* 24, 5th Series. Newcastle, UK: Literary and Philosophical Society.

Nasr, Seyyed Hossein. 1976. *Islamic Science: An Illustrated Study*. Kent: World of Islam Festival Publishing Co.

Newcomb, Simon. 1888. *Sidereal messenger* 7: 65.

————. 1903. *The Reminiscences of an Astronomer*. Boston: Houghton Mifflin Co.

[Newton, Isaac] David Brewster. 1855. *Memoirs of the Life, Writings, and Discoveries of Sir Isaac Newton*. London: T. Constable and Co.

Newton, Isaac. 1706. *Optice (Latin)*, 2nd ed. London: Sam Smith & Benjamin Walford.

————. 1728. *Chronologies*. London: Pater-noster Row.

————. 1733. *The Prophesies of Daniel*. London: Pater-noster Row.

————. 1958. *Papers and letters pm Natural Philosophy*. Ed. Bernard Cohen. Cambridge, MA: Harvard University Press.

————. 1962. *principia Vol. II: The System of the World* [1687]. Berkeley: University of California Press.

————. 1992. *Principia mathematica (English)* [1729]. Norwalk, CT: Easton Press.

Norris, Christopher. 1991. *Deconstruction: Theory & Practice*. New York: Routledge.

O'Neil, Gerard K. 1976. *The High Frontier: Human Colonies in Space*. New York: William Morrow & Co.

Planck, Max. 1931. *The Universe in the Light of Modern Physics*. London: Allen & Unwin Ltd.

————. 1950. *A Scientific Autobiography (English)*. London: Williams & Norgate, Ltd.

[Planck, Max] 1996. Quoted by Friedrich Katscher in The Endless Frontier. *Scientific American,* February, p. 10.

Ptolemy, Claudius. 1551. *Almagest* [c. 150]. Basilieae, Basel.

Schwippell, J. 1992. Christian Doppler and the Royal Bohemian Society of Sciences. In *The Phenomenon of Doppler Prague*.

Shapley, Harlow, and Heber D. Curtis. 1921. *The Scale of the Universe*. Washington, DC: National Academy of Sciences.

Taylor, Jane. 1925. *Prose and Poetry*. London: H. Milford.

von Braun, Werner. 1971. *Space Frontier* [1963]. New York: Holt, Rinehart and Winston.

Wells, David A., ed. 1852. *Annual of Scientific Discovery*. Boston: Gould and Lincoln.

Wright, Thomas. 1750. *An Original Theory of the Universe*. London: H. Chapelle.

승·산·에·서·만·든·책·들

19세기 산업은 전기 기술 시대, 20세기는 전자 기술(반도체) 시대, 21세기는 양자 기술 시대입니다. 미래의 주역인 청소년들을 위해 21세기 **양자 기술**(양자 컴퓨터, 양자 암호, 양자 정보, 양자 철학 등) 시대를 대비한 수학 및 양자 물리학 양서를 계속 출간하고 있습니다.

수학

불완전성
쿠르트 괴델의 증명과 역설 <GREAT DISCOVERIES>

레베카 골드스타인 지음 | 고중숙 옮김 | 352쪽 | 15,000원

독창적인 증명을 통해 괴델은 충분히 복잡한 체계, 요컨대 수학자들이 사용하고자 하는 체계라면 어떤 것이든 참이면서도 증명불가능한 명제가 반드시 존재한다는 사실을 밝혀냈다. 괴델이 보기에 이는 인간의 마음으로는 오직 불완전하게 헤아릴 수밖에 없는, 인간과 독립적으로 존재하는 영원불멸의 객관적 진리에 대한 증거였다. 레베카 골드스타인은 소설가로서의 기교와 과학철학자로서의 통찰을 결합하여 괴델의 정리와 그 현란한 귀결들을 이해하기 쉽도록 펼쳐 보임은 물론 괴팍스럽고도 처절한 천재의 삶을 생생히 그려 나간다.

리만 가설 베른하르트 리만과 소수의 비밀

존 더비셔 지음 | 박병철 옮김 | 560쪽 | 20,000원

수학의 역사와 구체적인 수학적 기술을 적절하게 배합시켜 '리만 가설'을 향한 인류의 도전사를 흥미진진하게 보여 준다. 일반 독자들도 명실 공히 최고 수준이라 할 수 있는 난제를 해결하는 지적 성취감을 느낄 수 있을 것이다.

2007 대한민국학술원 기초학문육성 '우수학술도서' 선정

소수의 음악 수학 최고의 신비를 찾아

마커스 드 사토이 지음 | 고중숙 옮김 | 560쪽 | 20,000원

소수, 수가 연주하는 가장 아름다운 음악! 이 책은 세계 최고의 수학자들이 혼돈 속에서 질서를 찾고 소수의 음악을 듣기 위해 기울인 힘겨운 노력에 대한 매혹적인 서술이다. 19세기 이후부터 현대 정수론의 모든 것을 다루는 일반인을 위한 '리만 가설', 최고의 안내서이다.

아·태 이론물리센터 선정 '2007년 올해의 과학도서 10권'

2007 과학기술부 인증 '우수과학도서' 선정, 〈EBS 북 다이제스트〉 테마북 선정

(저자 마커스 드 사토이는 180여 년 전통의 '영국왕립연구소 크리스마스 과학강연'을 한국

에 옮겨 와 일산 킨텍스에서 열린 '대한민국 과학축전'에서 2007년 '8월의 크리스마스 과
학강연'을 4회에 걸쳐 진행했으며 KBS TV에 방영되었다.)

뷰티풀 마인드

실비아 네이사 지음 | 신현용, 숭영조, 이종인 옮김 | 757쪽 | 18,000원

21세 때 MIT에서 27쪽짜리 게임이론의 수학 논문으로 46년 뒤 노벨 경제학상을 수상한 존
내쉬의 영화 같았던 삶. 그의 삶 속에서 진정한 승리는 30년 동안 시달려 온 정신분열증을
극복하고 노벨상을 수상한 것이 아니라, 아내 앨리샤와의 사랑으로 끝까지 살아남아 성장할
수 있었다는 점이다.

간행물윤리위원회 선정 '우수도서', 영화 〈뷰티풀 마인드〉 오스카상 4개 부문 수상

우리 수학자 모두는 약간 미친 겁니다

폴 호프만 지음 | 신현용 옮김 | 376쪽 | 12,000원

83년간 살면서 하루 19시간씩 수학문제만 풀었고, 485명의 수학자들과 함께, 1,475편의 수
학논문을 써낸 20세기 최고의 전설적인 수학자 폴 에어디쉬의 전기.

한국출판인회의 선정 '이달의 책', 론-풀랑 과학도서 저술상 수상

무한의 신비

애머 악첼 지음 | 신현용, 숭영조 옮김 | 304쪽 | 12,000원

고대부터 현대에 이르기까지 수학자들이 이루어 낸 무한에 대한 도전과 좌절. 무한의 개념
을 연구하다 정신병원에서 쓸쓸히 생을 마쳐야 했던 칸토어, 그리고 피타고라스에서 괴델에
이르는 '무한'의 역사.

영재들을 위한 **365일 수학여행**

시오니 파파스 지음 | 김홍규 옮김 | 15,000원

재미있는 수학 문제와 수수께끼를 일기 쓰듯이 하루에 한 문제씩 풀어 가면서 논리적인 사
고력과 문제해결능력을 키우고 수학언어에 친숙해지도록 하는 책. 더불어 수학사의 유익한
에피소드도 읽을 수 있다.

유추를 통한 수학탐구

P. M. 에르든예프, 한인기 공저 | 272쪽 | 18,000원

유추는 개념과 개념을, 생각과 생각을 연결하는 징검다리와 같다. 이 책을 통해 우리는 '내
힘으로' 수학하는 기쁨을 얻게 된다.

문제해결의 이론과 실제

한인기, 꼴랴긴 Yu. M. 공저 | 208쪽 | 15,000원

입시 위주의 수학교육에 지친 수학교사들에게는 '수학 문제해결의 가치'를 다시금 일깨워 주고, 수학 논술을 준비하는 중등학생들에게는 진정한 문제해결력을 길러 줄 수 있는 수학 탐구서.

물리

아인슈타인의 우주 <GREAT DISCOVERIES>

미치오 카쿠 지음 | 고중숙 옮김 | 328쪽 | 15,000원

밀도 높은 과학적 개념을 일상의 언어로 풀어내는 카쿠는 『아인슈타인의 우주』에서 인간 아인슈타인과 그의 유산을 수식 한 줄 없이 체계적으로 설명한다. 가장 최근의 끈이론에도 살아남아 있는 그의 사상을 통해 최첨단 물리학을 이해할 수 있는 친절한 안내서 역할도 할 것이다.

퀀트 물리와 금융에 관한 회고

이매뉴얼 더만 지음 | 권루시안 옮김 | 472쪽 | 18,000원

'금융가의 리처드 파인만'으로 손꼽히는 금융가의 전설적인 더만! 그가 말하는 이공계생들의 금융계 진출과 성공을 향한 도전을 책으로 읽는다. 금융공학과 퀀트의 세계에 대한 다채롭고 흥미로운 회고. 수학자 제임스 시몬스는 70세 나이에도 1조 5천 억 원의 연봉을 받고 있다. 이공계생들이여, 금융공학에 도전하라!

과학의 새로운 언어, 정보

한스 크리스천 폰 베이어 지음 | 전대호 옮김 | 352쪽 | 18,000원

양자역학이 보여 주는 '반직관적인' 세계관과 새로운 정보 개념의 소개. 눈에 보이는 것이 세상의 전부가 아님을 입증해 주는 '양자역학'의 세계와, 현대 생활에서 점점 더 중요시되는 '정보'에 대해 친근하게 설명해 준다. IT산업에 밑바탕이 되는 개념들도 다룬다.

한국과학문화재단 출판지원 선정 도서

아인슈타인의 베일 양자물리학의 새로운 세계

안톤 차일링거 지음 | 전대호 옮김 | 312쪽 | 15,000원

양자물리학의 전체적인 흐름을 심오한 질문들을 통해 설명하는 책. 세계의 비밀을 감추고 있는 거대한 '베일'을 양자이론으로 점차 들춰낸다. 고전물리학에서 최첨단의 실험 결과에 이르기까지, 일반 독자들을 위해 쉽게 설명하고 있어 과학 논술을 준비하는 학생들에게 도움을 준다.

엘러건트 유니버스

브라이언 그린 지음 | 박병철 옮김 | 592쪽 | 20,000원

초끈이론의 바이블! 초끈이론과 숨겨진 차원, 그리고 궁극의 이론을 향한 탐구 여행을 이끈다. 초끈이론의 권위자 브라이언 그린은 핵심을 비껴가지 않고도 가장 명쾌한 방법을 택한다.

〈KBS TV 책을 말하다〉와 〈동아일보〉〈조선일보〉〈한겨레〉 선정 '2002년 올해의 책'

〈동아일보〉 2008년 '새 대통령에게 권하는 책 30선' 선정

우주의 구조

브라이언 그린 지음 | 박병철 옮김 | 747쪽 | 28,000원

'엘러건트 유니버스'에 이어 최첨단 물리를 맛보고 싶은 독자들을 위한 브라이언 그린의 역작! 새로운 각도에서 우주의 본질에 관한 이해를 도모할 수 있을 것이다.

〈KBS TV 책을 말하다〉 테마북 선정, 제46회 한국출판문화상(번역부문, 한국일보사), 아·태이론물리센터 선정 '2005년 올해의 과학도서 10권'

파인만의 물리학 강의 I

리처드 파인만 강의 | 로버트 레이턴, 매슈 샌즈 엮음 | 박병철 옮김 | 736쪽

양장 38,000원 | 반양장 18,000원, 16,000원(I-I, I-II로 분권)

40년 동안 한 번도 절판되지 않았던, 전 세계 이공계생들의 전설적인 필독서, 파인만의 빨간 책.

2006년 중3, 고1 대상 권장 도서 선정(서울시 교육청)

파인만의 물리학 강의 II

리처드 파인만 강의 | 로버트 레이턴, 매슈 샌즈 엮음 | 김인보, 박병철 외 6명 옮김

800쪽 | 40,000원

파인만의 물리학 강의에 이어 우리나라에 처음 소개되는 파인만 물리학 강의의 완역본. 주로 전자기학과 물성에 관한 내용을 담고 있다.

파인만의 물리학 길라잡이 강의록에 딸린 문제 풀이

리처드 파인만, 마이클 고틀리브, 랠프 레이턴 지음 | 박병철 옮김 | 304쪽 | 15,000원

파인만의 강의에 매료되었던 마이클 고틀리브와 랠프 레이턴이 강의록에 누락된 네 차례의 강의와 음성 녹음, 그리고 사진 등을 찾아 복원하는 데 성공하여 탄생한 책으로, 기존의 전설적인 강의록을 보충하기에 부족함이 없는 참고서이다.

파인만의 여섯 가지 물리 이야기

리처드 파인만 강의 | 박병철 옮김 | 246쪽 | 양장 13,000원, 반양장 9,800원

파인만의 강의록 중 일반인도 이해할 만한 '쉬운' 여섯 개 장을 선별하여 묶은 책. 미국 랜덤 하우스 선정 20세기 100대 비소설 가운데 물리학 책으로 유일하게 선정된 현대과학의 고전.

간행물윤리위원회 선정 '청소년 권장 도서', 서울시 교육청, 경기도 교육청 권장도서 선정, KBS 'TV 책을 말하다' 선정도서

파인만의 또 다른 물리 이야기

리처드 파인만 강의 | 박병철 옮김 | 238쪽 | 양장 13,000원, 반양장 9,800원

파인만의 강의록 중 상대성이론에 관한 '쉽지만은 않은' 여섯 개 장을 선별하여 묶은 책. 블랙홀과 웜홀, 원자 에너지, 휘어진 공간 등 현대물리학의 분수령이 된 상대성이론을 군더더기 없는 접근 방식으로 흥미롭게 다룬다.

일반인을 위한 파인만의 QED 강의

리처드 파인만 강의 | 박병철 옮김 | 224쪽 | 9,800원

가장 복잡한 물리학 이론인 양자전기역학을 가장 평범한 일상의 언어로 풀어낸 나흘간의 여행. 최고의 물리학자 리처드 파인만이 복잡한 수식 하나 없이 설명해 간다.

발견하는 즐거움

리처드 파인만 지음 | 승영조, 김희봉 옮김 | 320쪽 | 9,800원

인간이 만든 이론 가운데 가장 정확한 이론이라는 '양자전기역학(QED)'의 완성자로 평가받는 파인만. 그에게서 듣는 앎에 대한 열정.

문화관광부 선정 '우수학술도서', 간행물윤리위원회 선정 '청소년을 위한 좋은 책'

천재 리처드 파인만의 삶과 과학

제임스 글릭 지음 | 황혁기 옮김 | 792쪽 | 28,000원

'카오스'의 저자 제임스 글릭이 쓴, 천재 과학자 리처드 파인만의 전기. 영재 자녀를 둔 학부형, 과학자, 특히 과학을 공부하는 학생이라면 꼭 읽어야 하는 책.

2006 과학기술부 인증 '우수과학도서', 아·태 이론물리센터 선정 '2006년 올해의 과학도서 10권'

스트레인지 뷰티 머리 겔만과 20세기 물리학의 혁명

조지 존슨 지음 | 고중숙 옮김 | 608쪽 | 20,000원

20여 년에 걸쳐 입자 물리학을 지배했고 리처드 파인만과 쌍벽을 이루었던 머리 겔만. 그가 이룬 쿼크와 팔중도의 발견은 이후의 입자물리학에서 펼쳐진 모든 것들의 초석이 되었다. 1969년 노벨물리학상을 받았고, 현재도 생존해 있는 머리 겔만의 삶과 학문.

교보문고 선정 '2004 올해의 책'

볼츠만의 원자

데이비드 린들리 지음 | 이덕환 옮김 | 340쪽 | 15,000원

19세기 과학과 불화했던 비운의 천재, 엔트로피 이론을 확립한 루트비히 볼츠만의 생애. 그리고 그가 남긴 과학이론의 발자취.

간행물윤리위원회 선정 '청소년 권장 도서'

생물

안개 속의 고릴라

다이앤 포시 지음 | 최재천, 남현영 옮김 | 520쪽 | 20,000원

세 명의 여성 영장류 학자(다이앤 포시, 제인 구달, 비루테 갈디카스) 중 가장 열정적인 삶을 산 다이앤 포시. 이 책은 '산중의 제왕' 산악고릴라를 구하기 위해 투쟁하고 그 과정에서 목숨까지 버려야 했던 다이앤 포시가 우림지대에서 13년간 연구한 고릴라의 삶을 서술한 보고서이다. 영장류 야외 장기 생태 연구 분야에서 값어치를 매길 수 없이 귀한 고전이다. 시고니 위버 주연의 영화 〈정글 속의 고릴라〉에서도 다이앤 포시의 삶이 조명되었다.

한국출판인회의 선정 '이달의 책' (2007년 10월)

인류 시대 이후의 **미래 동물 이야기**

두걸 딕슨 지음 | 데스먼드 모리스 서문 | 이한음 옮김 | 240쪽 | 15,000원

인류 시대가 끝난 후의 지구는 어떻게 진화할까? 다윈도 예측하지 못한 신기한 미래 동물의 진화를 기후별, 지역별로 소개하여 우리의 상상력을 흥미롭게 자극한다. 책장을 넘기며 그림을 보는 것만으로도 이 책이 우리의 상상력을 얼마나 흥미롭게 자극하는지 느낄 수 있을 것이다. 나아가 이 책은 단순히 호기심만 부추기는 데 그치지 않고, 진화 원리를 바탕으로 타당하고 예상 가능한 상상의 동물들을 제시하기에 설득력을 갖는다.

근간

Imagining Numbers
Particularly the Square Root of Minus Fifteen

배리 마주르 지음 | 박병철 옮김

수학자들은 허수라는 상상하기 어려운 대상을 어떻게 수학에 도입하게 되었을까? 음수의 제곱근인 허수의 수용과정을 추적하면서 수학에 친숙하지 않은 독자들을 수학적 상상력의 세계로 안내한다.

Gamma Exploring Euler's Constant

줄리언 하빌 지음 | 프리먼 다이슨 서문 | 고중숙 옮김

수학의 오일러 상수, '감마'를 본격적으로 진지하게 다룬 책.

NOT EVEN WRONG THE FAILURE OF STRING THEORY AND THE CONTINUING CHALLENGE TO UNIFY THE LAWS OF PHYSICS

PETER WOIT 지음 | 박병철 옮김

초끈이론은 탄생한 지 20년이 지난 지금까지도 아무런 실험적 증거를 내놓지 못하고 있다. 그 이유는 무엇일까? 입자물리학을 지배하고 있는 초끈이론을 논박하면서 (그 반대진영에 있는) 루프양자이론, 트위스트이론 등을 소개한다.

THE ROAD TO REALITY A COMPLETE GUIDE TO THE LAWS OF THE UNIVERSE

로저 펜로즈 지음 | 박병철 옮김

지금껏 출간된 책들 중 우주를 수학적으로 가장 완전하게 서술한 책. 수학과 물리적 세계 사이에 존재하는 우아한 연관관계를 복잡한 수학을 피해 가지 않으면서 정공법으로 설명한다. 우주의 실체를 이해하려는 독자들에게 놀라운 지적 보상을 제공한다.

도서출판 승산의 다른 책과 어린이 책은 홈페이지(www.seungsan.com)를 방문하면 볼 수 있습니다.

타이슨이 연주하는 우주 교향곡 1

1판 1쇄 인쇄 2008년 1월 21일
1판 1쇄 펴냄 2008년 1월 29일

지은이 ｜ 닐 디그래스 타이슨
옮긴이 ｜ 박병철
펴낸이 ｜ 황승기
편 집 ｜ 정윤희
마케팅 ｜ 송선경
표지디자인 ｜ 정은석
본문디자인 ｜ nous(누)
펴낸곳 ｜ 도서출판 승산
등록날짜 ｜ 1998년 4월 2일
주 소 ｜ 서울시 강남구 역삼동 723번지 혜성빌딩 402호
전화번호 ｜ 02-568-6111
팩시밀리 ｜ 02-568-6118
이메일 ｜ books@seungsan.com
웹사이트 ｜ www.seungsan.com

ISBN 978-89-6139-010-1 03440
　　　 978-89-6139-009-5 (세트)

- 승산 북카페는 온라인 독서토론을 위한 공간입니다. '이 책의 포럼 blackhole.seungsan.com' 으로 오시면 이 책에 대해 자유롭게 이야기 나눌 수 있습니다.
- 도서출판 승산은 좋은 책을 만들기 위해 언제나 독자의 소리에 귀를 기울이고 있습니다.